U0178659

# 不完美的家

## Imperfect Home

[英] 马克·贝利, [英] 莎莉·贝利
———著

隐凡
———译

新 星 出 版 社　NEW STAR PRESS

Text © Mark and Sally Bailey 2014
Design and photographs © Ryland Peters & Small 2014
First published in the United Kingdom in 2014
under the title *Imperfect Home* by Ryland Peters & Small
20-21 Jockey's Fields
London WC1R 4BW
Simplified Chinese copyright arranged through Jia-xi Books Co., Ltd.
Simplified Chinese edition copyright: 2020 New Star Press Co., Ltd.
All rights reserved.
著作版权合同登记号：01-2019-4815

**图书在版编目（CIP）数据**

不完美的家 /（英）马克·贝利，（英）莎莉·贝利著；隐凡译 .
—北京：新星出版社，2020.9
ISBN 978-7-5133-4095-3

Ⅰ.①不… Ⅱ.①马… ②莎… ③隐… Ⅲ.①住宅－室内装饰设计 Ⅳ.① TU241

中国版本图书馆 CIP 数据核字（2020）第 130821 号

**不完美的家**

[英] 马克·贝利，[英] 莎莉·贝利 著；隐凡 译

**策划编辑**：东　洋
**责任编辑**：李夷白
**责任校对**：刘　义
**责任印制**：李珊珊
**装帧设计**：冷暖儿 unclezoo

**出版发行**：新星出版社
**出 版 人**：马汝军
**社　　址**：北京市西城区车公庄大街丙3号楼　100044
**网　　址**：www.newstarpress.com
**电　　话**：010-88310888
**传　　真**：010-65270449
**法律顾问**：北京市岳成律师事务所

**读者服务**：010-88310811　service@newstarpress.com
**邮购地址**：北京市西城区车公庄大街丙3号楼　100044

**印　　刷**：北京美图印务有限公司
**开　　本**：710mm×1000mm　1/16
**印　　张**：13
**字　　数**：32千字
**版　　次**：2020年9月第一版　2020年9月第一次印刷
**书　　号**：ISBN 978-7-5133-4095-3
**定　　价**：118.00元

这本书的灵感来自一把手工黄铜勺，它购于展示日本民间艺术的博物馆——日本民艺馆。这把勺子跟其他勺子相似但又不同。不仅因为它可以使用，更因为它是独一无二的，它完全没有机器制品那种完美的规整感。这座博物馆的商店也不是常规的礼品店，店里有一系列精心布置的收藏品，展出由当今日本制造者制作的陶器、玻璃制品、篮子、纸张和金属器皿等。

在日本人的观念中，寻找不完美中的美并欣然接受这种粗陋，被称作"侘寂"（侘び寂び）。这并非某种装饰风格，而是一种完整的世界观。在日本民艺馆的画廊里，从形状简单粗糙的早期萩烧釉陶，到凹凸不平触感鲜明的铸铁壶，都充分展现了"侘寂"。手工制造会产生细小的瑕疵，而这些物品似乎正因此具有了一种精神。

这次重返日本为本书拍摄插图，我们发现"侘寂"就鲜活地存在于许多日本人的家里。磨损、风化、破旧都被诚心接纳，日常用品上升到被人精心展出的地位。将搜索范围扩大之后，我们找到了来自世界各地欣赏不完美的屋主。他们打造的充满魅力的空间，尽管各具特色，却体现出一种共同的理念：那些摇摇晃晃、走形、磨损、表皮剥落甚至是坏了的物品不仅是美丽的，甚至比崭新的东西更胜一筹，因为它们会给空间带来生命，让它更显私密、温馨。

这本书的每一章——织物、质地、颜色、手工制作、藏品——逐一扩充着不完美的家所包含的元素。书中提供了一些思路，告诉你如何让这些元素与你的空间融为一体，同时也近距离展示了如何在一家之中融汇这些理念。希望能够激发你看到不完美中的美。

在很多方面，完美无瑕都是值得欣赏的，然而在家居中它却难有用武之地。从审美的角度来说，刻板的对称与统一的质地、颜色，都难以给眼睛或想象力带来刺激。而从实际的角度来说，崭新的家很快就将经受日常生活的蹂躏，磕碰和磨损在所难免，即便你是再坚定的洁癖也无济于事。

我们信仰一种随意的、更轻松的家居方式。这并非鼓吹彻底抛弃家务，也不是让你肆意乱堆东西，我们更想让你被自己乐于看到的平常而无序的物品包围。其实，你应该欢迎这些物品，它们能带给你真正的家的感觉。

这种随意的方式或许意味着以更自然的形式去展示艺术品或照片，比如用夹子夹起来挂着或者直接用大头针钉在墙上，这样更灵活，在感到厌倦时，就能很容易地换掉它们。又或许意味着去修补那些你本想扔掉的破织物，并且欣赏它那独一无二的新模样。比起工业制品，手工制品更容易给人一种真实感。尤其是那些你每天都能触碰到的东西，

例如玻璃杯、餐具，把手工制作的这些器具和棱角分明的工业制品混搭在一起，会产生令人愉悦的对比。

而在营造衬托物品的背景方面，只有平淡而素净的环境才能让物品脱颖而出。不过，如果你有幸住在一间老宅子里，整个空间的外观是在数十年的时光中酝酿而成的，那么屋里不完美却别具特色的墙和门等，也许就像一件件珍宝正等待着你去探索。不要遮掩，试着揭开它们的表层，你也许会发现昔日的灰泥、充满历史感的壁纸和残破的油漆，都为家增添了至关重要的构造元素，也都满载着真实感。

### 平常的无序

把自己包围在乐于看到的物品之间，无论它们多么平常或无序。在我们位于威尔士边界的家的饭厅里（右页图），白垩色墙壁、青石板地面和铺着黑色油毡、磨花了的饭桌，营造出一幅稳重、恒定的背景，容许我们尝试各种新鲜的展示方式。

日常之物总是令人愉悦，但当你因为锈迹、暗沉的轮廓或是手工痕迹而展示某件物品时，你会以全新的角度看待它。那些损坏、残缺或过时的物品可能已经丧失了原本的功能，但是它本身依然可以作为

美好的物品陈列展示，若能获得新生，就更是锦上添花了。重用旧物不仅挑战你的创造力，也是一种勤俭的态度。我们常常发现，不完美的物品——磨损的木头玩具、掉皮的漆器或者弯掉的金属台灯——彼此间有种天然的亲近感，不必费心就能营造出和谐。

大自然在不完美的家居中扮演的角色，不仅仅是引入粗制木料或手编织品这样的自然材料，花花草草也是随心所欲的不完美的缩影，特别是郁金香和玫瑰之类的花，经过修剪，就算枯萎凋谢了也像鲜活的时候一样唯美。维多利亚时代的历史学家约翰·拉斯金相信，拥抱不完美能让我们更和谐地融入自然世界——一个永远在改变、生长和消亡的世界："任何活着的东西都不是绝对完美的；它总有部分在衰败，部分在萌生，"他总结道，"排除不完美就等于打击表现力、抑制行动力、麻痹生命力"。这些话在今天更加意味深刻，因为我们这个快速、精致、科技发达的世界，需要一剂解药。不完美就是这剂药，而家就是疗愈开始的地方。

## 摆在明处

摒弃抽屉和柜子，把你的宝贝摆在明面上展示（左图和左页图）。在我家，我们把一根工业用的镀锌金属杆安在一条旧的法式修道院长凳上，代替了衣柜（左图）。我们的工作室里用类似的金属杆分割空间，杆上挂着一面面帆布帘充当墙壁（右图）。

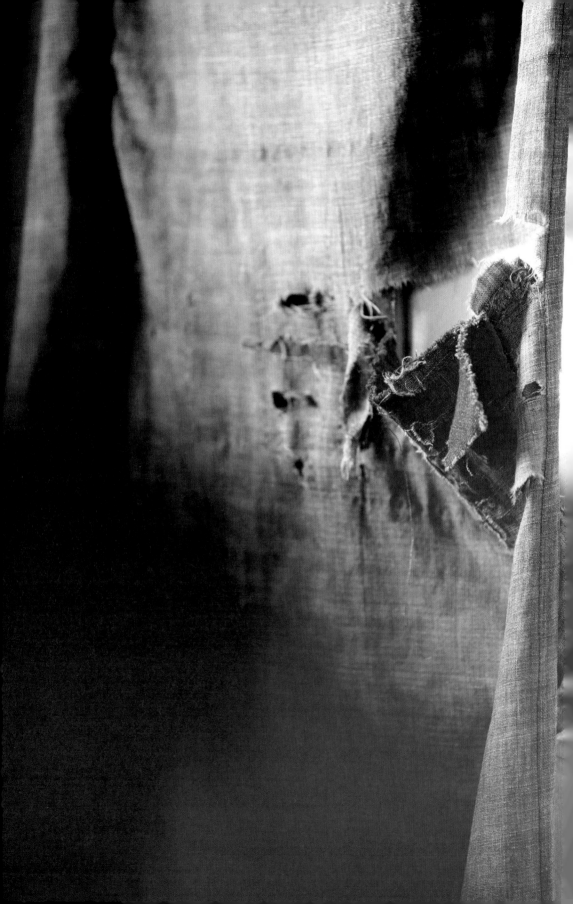

{织物}

**褶 皱**

　　折痕、压痕、补丁、毛边、褶子，流露出陈年旧布的美。某次去东京旅行时，我们被带到一家不可思议的博物馆，馆里有个关于工作使用的衣物和织物的展览，名曰"褴褛"（ぼろ），意思是不停地缝缝补补。展览中的三万件藏品是由田中忠三郎历经多年收集而来，现在已经成了国宝。衣服曾经的主人是生活在日本北部积雪地区的农民，他们将这些衣服代代相传。让我们颇为震惊的是，馆员竟然鼓励我们现场试穿。通常情况下，如此古老和脆弱的物品肯定是被放在玻璃罩里严禁触摸的。那一次体验对我们影响甚深，回来后，它就成了我们"不完美家居"的基本理念之一。"褴褛"与现代消费文化形成了鲜明对比。此后，我们对古老破旧织物的看法也彻底改变了。现在，我们会主动寻找修补过的织物，织物本身以及设想它们与家居融合的方式都令我们非常兴奋。匈牙利产的厚亚麻马车盖布可以剪裁并缝制成羽绒被，法国产的亚麻擦碗布可以拼缝成枕巾……这种例子不胜枚举——只要你有想象力和基本的缝纫技巧，就可以行动起来。

{ 用过的、褪色的 }

# 古 品

古品织物的魅力有一部分来自稀有性，晒一晒就褪色了，一穿就破旧了，很多材质的寿命比人生更短暂。因此，幸存下的织物就显得尤为特别。织物能跨越阶层、地域和文化——任人都要穿衣保暖，能提供一个洞察日常生活的神奇视角。有时候最渺小的东西却最能唤起回忆，比如打着补丁、褪了色的工作服上面的每一道褶皱都在诉说着艰辛与节俭。昔日的织物，从开的编织到后续的缝制，很少是整齐划一的，这恰好制造出了一微妙的不完美。而织物也会以一种美妙的方式渐渐老去：布片得破碎了，颜色褪得柔和了，里面填充的东西——马鬃也好、毛毡也好——也都钻出来了。织物因此更加不完美，却也因此加具有美感。

织物会以一种美妙的方式渐渐老去：布片变得破碎，颜色褪得柔和。

**为形而生**

这些靛蓝色的棉麻阳伞是 20 世纪初法国牧羊人用来遮阳的，每一把伞的尺寸和伞柄设计都略有不同。这组随意收藏的物品看起来就像是雕塑，伞面上的折痕处附着深沉的颜色。一旦撑开，伞便展现出一种类似扎染的效果，局部褪色造就一条条深蓝的斑纹。

对织物而言，往往在生产阶段，不完美就被视为一种品质。

### 历史的层次

对织物而言，往往在生产阶段，不完美被视为一种品质。这幅帷幔（上左图）的图案如果整齐划一就会显得枯燥无味。多层次的织品会制造出丰富而充满异域感的内涵，不管是挂着印度背包的衣帽架这种日常物品（上右图），还是一隅诱人的小憩之处（右页图）。时间的流逝会在脆弱的织物上产生奇妙的效果，比如这个打着补丁的破垫子，里面的马鬃已经呼之欲出（下图）。

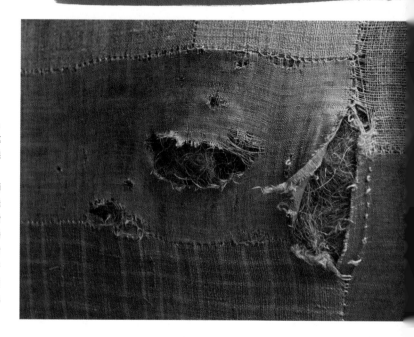

### 随心所欲的修补

古董家具有时会略显冷漠，豪华或高雅得让你不愿意触碰或使用，但是在萨塞克斯郡的安娜·菲利普斯（Anna Philips）家里摆放的这个纽扣沙发（本页图）则有种非常亲和的气质，这很大程度上是由于沙发随心所欲的修补方式，破洞全都用大片补丁缝上了。毫无精致可言，也没有一点遮掩的意思——只有真实。

### 柔软的亚麻

安娜这种轻松自在的风格与她对织物的选择（右页图）有很大关系。比起熨烫平整的床单，她更喜欢洗过的亚麻制品，带着讨喜的褶皱，越洗越柔软。颜色温和的单层亚麻窗帘、刺绣枕套、朴实的家具，全都彰显出她对于简单家用和手工制品的喜好。

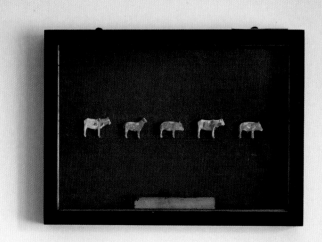

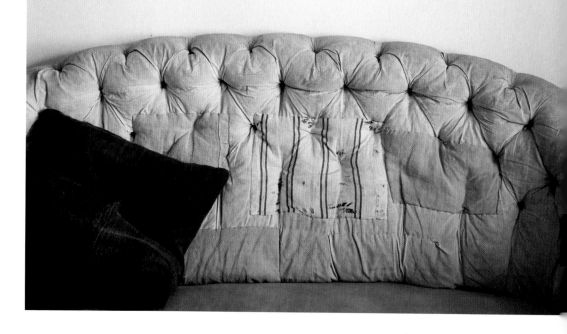

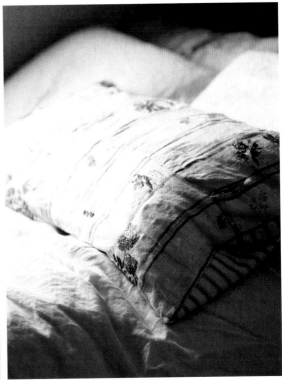

"修修补补，得用且用"是战争年代的一句口号，但早在一个世纪以前，这种生活信条就已经存在了。当时因为布料太过珍贵，人们不忍心扔掉。不过在原有修修补补的基础上，你还可以进一步发挥创意，把家里的织物再造成一个全新的物品。辨识物品的潜能有时需要想象力，特别是面对那些原本并非日常家用的东西，比如工用麻袋，这些经久耐磨的物件却常常能成为最耐用、最特别的家居用品。小东西大用途，更不必说这很经济——做个垫子或灯罩用不了多少布料，但这些微不足道的边角料却能成就显著的效果。

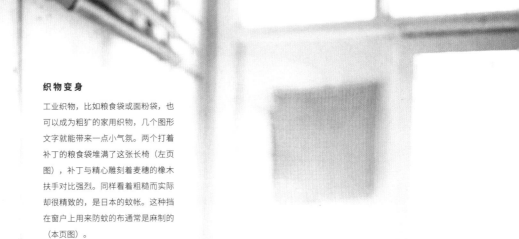

### 织物变身

工业织物，比如粮食袋或面粉袋，也可以成为粗犷的家用织物，几个图形文字就能带来一点小气氛。两个打着补丁的粮食袋堆满了这张长椅（左页图），补丁与精心雕刻着麦穗的橡木扶手对比强烈。同样看着看着粗糙而实际却很精致的，是日本的蚊帐。这种挡在窗户上用来防蚊的布通常是麻制的（本页图）。

辨识物品的潜能有时需要想象力，
特别是面对那些原本并非日常家用的东西。

**白手起家**

就算是最小的边角料如果达到一定
数量，也可能变得很别致。（左页图，
从左上起按顺时针方向）旧纱丽服
经过拼缝变成了灯罩，几个线球给
本来毫无生气的楼梯间增添了鲜活，
普通的铁丝衣架缠上碎布条变得别
具一格，磨旧的靛蓝色棉布改变了
扶手的触感。

**阳光的性格**

几面跳跃的明黄色墙壁，会让卧室
里的人一睁眼就兴奋不已。（本页
图）纱丽改制的灯罩增加了一分活
力，却又被质朴的被单和枕套给调
和了，枕套由印着条纹的匈牙利亚
麻口袋改制。

**座椅上的口袋**

在我家的木质乡村风长椅上，铺着黄麻纤维的布片（右图和左页图）；配上几个以加纳蔬菜染色法染出的靛蓝色靠垫，营造出一种柔和感。运用传统的防染色技术，织物会产生一种不均匀的美感——像夜空中闪烁的星群，或是擦伤后裹缠的厚绷带。每一件的细节都如此不同，却又被耀眼的深蓝色糅合在一起。

运用传统的防染色技术，织物会产生一种不均匀的美感。

**好用的碎布**

拼缝是一种很容易使一堆碎布产生大作用的方法。几块来自关根由美子的杂货铺 fog linen work 的洗碗布，缝在一起就变成了分割开放空间与卧室的屏风（上图），有光线透过时，它的样子格外迷人。几块碎布头拼在一起（下图）就和整张的桌布一样好看。

**框定视野**

采用同样的理念，我家挂的窗帘也是来自 fog linen work 的拼缝制品，它给窗外的世界镶上了一个随意、朦胧的画框。两副窗帘有意制造出不对称的效果，蓝色格纹的区域一定会锁住你的目光（右页图）。

{日用织物}
**简　单**

有些人喜欢床品熨烫、上浆后的那种笔挺效果，就是五星酒店里床单的感觉。但是亚麻洗后的柔软——那种越洗越舒适触感，褶皱比熨烫平整显得更有艺术气息的样子，对于喜欢让己的家不太完美的人们来说才更有吸引力。一定要把最多的钱在每天都用的东西上。床品在这个清单上名列前茅，不仅因为每天都能带给你快乐，更因为它经久耐用，毛巾和洗碗布也是同理只选白色，这样你就永远也不必在搭配的问题上费心——想给日用织物增添活力，只需一个能改变心情的鲜亮薄毯、被子靠垫。

**皱巴巴的亚麻**

这间宁谧的住所坐落在喧嚣的东京市中心,家的主人是花艺造型师猪本典子。我们来访之前,这里刚刚经历了一场台风。亚麻覆盖下的卧室(左页图)看起来如同风暴过后宁静的天堂。典子发明了一种简单而聪明的窗帘挂法(本页图)。她随性地折起亚麻,间隔均匀地从中穿上结实的黄麻绳,然后将绳子另一端系在金属杆上。

**织物画廊**

这个简单的金属框架床头（本页图）就像一间随意
的画廊，目之所及的织物都是它的展品。这里挂着
加纳扎染的靛蓝色薄毯，参差不齐的挂法制造出了
不对称感。灰白色墙壁和自然色床单，使得挂在这
里的任何东西都让人眼前一亮。

用靛蓝植物为日用织物染色的做法已经延续了几个世纪。

## 浓淡的和谐

与织物相伴生活的乐趣之一，就是协调它们，让不同的
重量、色彩、图案和质地，营造出和谐相融的感觉。像
棉和麻这样的天然材质，用大自然微妙的有机色彩染
制，放在一起总是很和谐。（从左上起按顺时针方向）
从 fog linen work 杂货铺购得的来自立陶宛的洗碗布单
看就很美，但是每一块布不同的样式都是为了便于与其
他织物混搭而设计的；这一摞亚麻制品来自东京的店铺

Starnet，这里主营手工制品；流苏散落在褶皱的床单上，
形成质地间的互动；其他来自 Starnet 的亚麻织物，由
于是手工染色，从树莓粉到蘑菇灰，没有一片颜色相同；
fog linen work 的亚麻织物，挂在光线充足的地方会透
出令人愉悦的不均匀的波纹；购自 fog linen work 的拼
布窗帘的细节。

**带有历史感的线**

购自 fog linen work 的床品 (左页图) 是立陶宛制造的，
与店里的厨用织物一样，也保留着一种简单实用的气
质。立陶宛自中世纪时期就开始种植亚麻并生产亚麻
制品，这些褶皱的白床单在三谷龙二的家里也享有很
高的地位。关根由美子的天赋在于驾驭原材料的品性，
将它们制成适合更多受众的产品。

**随性的欢迎**

松软的靠垫会给家具增添氛围，就像我家这张布满条
纹的长沙发 (本页图)，随性地表达着欢迎。材质本
身含蓄的质感放大了这种感觉——灵巧、经典的条纹
棉布，混搭靠背上那个不流俗的渐染靠垫。

**自然造物**

一副简单的亚麻窗帘，一张磨旧的
木椅子，便使东京 Starnet 店里的更
衣室超越了通常零售店的更衣室。
光线恰到好处地捕捉到亚麻独特的
性质：柔软、轻薄，未经染色，纯
粹的自然之物。

**生 动 对 比**

与锈迹斑斑的工业落地灯和铁皮箱
形成对比的，是我家甜酒色的 Loft
沙发（Baileys Loft Sofa，右页图）。
自然染色的亚麻沙发套，在时间的
打磨下显得越发舒适。

古董商凯瑟琳·波尔（Katharine Pole）格外喜欢法
式织物，去拜访一下她在北伦敦的家就能明白，那里堆满
了她搜罗的物品。实际上他们夫妇在这里只住了一两年，
但看起来绝非如此，这个家就如同经历了几十年的演化一
样。凯瑟琳说，她第一次来这里时，看到墙上的半面墙纸
剥落，露出了底下斑斑点点的灰泥，那一瞬间她就被这个
地方征服了。林林总总的织物，很多都是缝补过或磨损了
的，给这个家带来了满满的"好好生活过"的感觉，温度、
色彩、图案和质地，也一并得到了丰富。

**瑕瑜互见的布料**

破裂、褪色的材质给凯瑟琳家增色
少。缝着线的圆布（左图）是从前
间里机械抛光的缓冲垫；表面包着
的盒子褪了色，和书本堆在一起
图）；这间工作室兼展室（右页图
是这张 18 世纪法式四柱床的家，
亚麻真丝帷幔带着岁月揉弄的痕迹

**积如山**

量织物，大多来自法国，放在古老的法式蛋糕架（左页图）。背景中花朵案的油彩艺术品，可能某张面积巨大的墙纸的角。

**色调调**

材储存盒（右图）曾经是瑟琳的公公存放账单和纸用的，现在被她用来盛放角料。带着褪色感觉的蓝盒和蓝软帽，都可以追溯19世纪早期，色调刚好肖像画和干花的颜色相互立。

楼下，白色的墙壁与木条地板之间，点缀着几件特别的家具，它们中多数都经过了意想不到的改造

凯瑟琳家这摞被子（大多来自法国，也有小部分来自英国）蕴含着一致的色调，暗粉、米白、靛蓝，这是家里反复出现的主题色。靛蓝是她的挚爱之一，当她还是个小女孩的时候，和家人一起生活在尼日利亚北部，她到现在还记得住宅区里那些图阿雷格卫兵，包着鲜艳的靛蓝色头巾，坐在那里喝着薄荷茶。现在她收集并出售一种叫法式长衫罩衣（biaude）的工装，就是过去乡下干活儿穿的衣服。这些短上衣和长大衣原本是深蓝色的，褪色后显出一丝诗意，提醒着人们头顶烈日辛苦劳作的无尽日子和其后无数次的搓搓洗洗。

人台上打着补丁的靛蓝色亚麻裙子（P8左图），是凯瑟琳最珍贵的东西之一。这是她展示物品的典型方式，让某件不起眼、不完美的东西从其他收藏品中脱颖而出，供人端详。尽管楼上的展室兼卧室充斥着诸多颜色和质地，楼下却是一片宁谧。白色的墙壁与木条地板之间，点缀着几件特别的家具，它们多数都经过了意想不到的改造：19世纪的椅子被包上了20世纪七八十年代的牛仔布，但是椅背却是粗犷红条纹的羊毛和亚麻混纺古布。其他椅子均着便装，里面填充的马鬃都已探出了头。

材料总能在出人意料的地方找到自己的位置，比如跟一块木乃伊裹布似的19世纪帆布接在一起的玻璃瓶灯柱，或者是一罐古老的废料，或者凯瑟琳做靠垫或灯罩剩下的边角料。实际上，她什么也不舍得扔，不管多小多破，都是她对织物的爱的证明。而这些碎片也正是一扇小窗，从中可以窥见，曾经一度，纺织品会被不断地缝缝补补，或是不得已地改为他用。

### 巧妙的用法

这个家对织物的用法不落俗套、别具一格。沙发和古董椅子都重新包上了 20 世纪七八十年代的牛仔布，凯瑟琳又在椅背上绷了一块 19 世纪的宽条纹布（本页图），她知道从房间的另一端就能一眼看到这里。两扇 18 世纪的门，覆盖在层层老旧的壁纸之下，已经被改造成壁橱（左页左图）。法式和英式亚麻制品装满了开放的置物格，旁边斜倚着几把靛蓝色的牧羊人阳伞（左页右图）。

**Q&A**

**你选择完美还是不完美？**

完美的不完美。

**你觉得家里什么东西可以称得上"完美的不完美"？**

厨房里的橱柜，是由两扇 18 世纪的门改造的。表面上是几层脱落的 19 世纪木版印刷的墙纸；有灰白的花朵图案，有几何图案，还有一块若隐若现的蓝白条纹图案。门上有一个旧铁门，底色是完美的、薄薄的浅灰色，这种完美的不完美是时间创作出来的（技艺高超的木匠也有一定功劳）。

**别人来你家做客时最爱谈论的是什么？**

是我的工作室兼展室里那张 18 世纪法式四柱床。床上的遮篷和帷幔都有点烂了，原本的材质是亚麻真丝，红米相间

的条纹已经褪色了，双层贝壳形的帘头用浅浅的黄色丝线锁边。床上堆满了盖被和靠垫（还经常有一只杰克罗素梗犬和一只猫在上面睡觉），看起来很简单，但它却是房间的主角，让人赏心悦目。

**你最近在做些什么呢？**

收集材质古老的灯罩。

**喜欢：** 靛蓝色。委拉斯开兹、安格尔、菲利克斯·瓦洛东（Félix Vallotton）的画。织补和缝补。维斯康蒂的电影。古典玫瑰和修剪树木。家庭生活。一件原汁原味的法式古董家具。一堆普罗旺斯的被子。夏日最后一天的空旷海滩。

**不喜欢：** 毫无意外。

所有用过的东西都有故事。你几乎可以把它视为活物，因为它掺杂着过去的气息，特别是带着人类介入的痕迹——原本刷过漆的椅子已经被用得露出光滑的木头，曾经有一个背膀几十年如一日地靠在上面休息；或者是一件古董夹克，依然能幽幽地透出上一个主人的轮廓。你可以恣意想象曾经有谁，在何时，因为什么触碰过这些东西。然后发现自己不可抑止地也想去摸一摸。再深入一步，你或许发现它能让你体会到生命总有尽头。

磨损、破碎、风化的物品也许不完美，但它们却凭借自身的本事散发着美。比如，剥落的壁纸能制造出出人意料却可爱的色彩层次，而旧织物那种薄如蝉翼的精致也是同款新品无法比拟的。这些东西都很独特，谁家旧椅子上的补丁也不可能跟你家的一模一样。谁家装木柴的铁桶上的磕痕也不可能跟你家的如出一辙。工业物品和材料通常都带着特别有趣的铜锈光泽，因为从一开始它们就不打算保持一尘不染的形象，在工作中也没人对它们温柔相待。

触感是一种被低估了的品质，而其实却非常重要。它引入的另一个维度能为家注入灵魂，它能同时刺激两种感官：眼睛，接收到坚硬和柔软、粗糙和光滑的混合信号；手，忍不住去抚摸诱人的表面。对比是好的，想想冰冷的水泥和温暖的羊毛搭配在一起的感觉，或者是把玻璃杯或光面陶器这类反光的材质，放在黯淡的金属或粗糙的木头那样无光泽的材质旁边。尽管如此，对待质地应该像对待颜色一样；五颜六色深浅不一挤在一起会有点刺眼，一大堆不同质地的表面也会过犹不及。我们要的是一种和谐的韵律，而不是一团乱麻。

{ 剥落的水泥，粗加工 }

**暴　露**

　　老房子总会有点歪歪扭扭，大多是因为历经了数十年的轻震动。墙壁和房顶都出现了裂纹，地板拱起、吱嘎作响但最终恢复了平静，这一切都使整个屋子更不坚固。质地上也不均匀，剥落的漆面和破损的灰泥昭示着它们经历的岁月。我们在威尔边界的家，就是这张照片里显示的，是由本地的石头砌成的，面只刷了石膏，石膏里混入马鬃以增强黏合力。凹凸不平的墙既有趣又不会过分张扬地抢走家里其他陈设的风头。墙面与其表面形成恰到好处的对比，比如铸铁炉和来自印度的雕花装饰框（现在成了壁炉架）。粗加工的墙壁也充满了活力，随着时间的推移，表面上演着影子游移的戏码。

粗加工的墙壁也充满了活力，随着时间的推移，表面上演着影子游移的戏码。

白天鹅的羽毛直接用胶带贴在墙上，稍有动静，上面的绒毛就会轻轻颤抖。

**动物天性**

有机材质的引入可以轻松调和家里某些硬朗的表面。壁炉旁的贝尔托亚钻石椅上铺着一张天然的羊皮（本页图），厚厚的一堆让人看了就想坐下，羊皮蓬松的棕色外缘映衬着壁炉架经过岁月沉淀的木框。白天鹅的羽毛（右页图）直接用胶带贴在墙上，稍有动静，上面的绒毛就会轻轻颤抖。

**勤劳习性**

家里的这个角落（左页图）彻底体现出灰泥未完工时的特性：难以辨识的灰粉色调，时间留下的斑斑印迹。斜倚在墙上的美式金属天花板充当了心情展板，混沌的金属光泽与钢质桌椅和谐匹配。

**笔直树立**

这面白垩色的墙壁基本上毫无装饰，东西放在地上或桌上更便于挪来挪去，比如这个印着数字的公交车牌子（上右图），旁边立着一个卡尔·蔡司三脚架灯，顶着镜子一样闪闪发亮的灯罩。镀金店铺招牌的碎片（上左图）靠在暗淡的墙壁上微微发光。我们还把非洲贝壳项链挂在被烟熏黑的壁炉旁的大钩子上（下图），两侧下方各摆了一个埃塞俄比亚产的凳子。

**创造储物空间**

这些废弃的木板箱我们已经用了很多年。这是它们的新生（左图）：一个独立的收纳系统，中间夹着金属匣子，在不同的材质间创造出一种均匀的节奏，旁边立着我家的三脚架灯——顶部由烤蛋糕的金属模子和老式检查灯组成。

**神奇的墙**

撕掉层层覆盖的墙纸和漆面，是翻开家的历史的绝招（右页图）。就像查看树上的年轮，你几乎可以从一幢房子的装修风格和经历过的灾害推算出它的年龄。等待惊喜吧！

{木头遇上金属}

**陈　年**

　　我们周围的各种东西都在变化，难以察觉。变化不仅发生在你每天使用它们的时候，只要接触到那些元素，变化便一刻不停。木头和金属都是越老越有味道的东西，木头颜色可能会变得更沉更暗，或者变得更暖更润（又或者变成二者之间的任何样子），金属氧化后则会呈现出复杂乃至出奇明亮的色彩，像铁锈红或铜绿。把这两种东西放在一起，天然邂逅人造，两全其美。我们还喜欢把精雕细琢的木制品和功能性的工业家具混搭在一起，让精巧的手艺与强悍的功能对决。

**优美的平衡**

一排整齐竖放的木条——装饰性的雕花建筑用材和一块回收利用的店铺招牌——显示出陈年木材所具有的丰富色调和质地（左页图）。与精美的雕工形成对比的，是这张锈铁桌展现出的实用魅力。在我们的卧室里（本页图），这个倒置的洗衣桶和竖条纹匈牙利木门被重新利用，分别变身为床边桌和床头板。

海水泡过的浮木拥有丝绸般光滑的表面，让人忍不住想去抚摸，因而用来做把手再合适不过。

### 被埋葬的宝贝

木头通过重新加工和制作能变成全新的东西，这种特性让木头拥有很高的可延续性。把小块的木头嵌在水泥地面上（上左图），外观的差异制造出迷人的混搭。更多的浮木，与回收的轮胎和钢材，做成了楼梯扶手和栏杆。

### 辨识纹理

海水泡过的浮木被上天赐予了丝绸般光滑的表面，让人忍不住想去抚摸，因而用来做把手再合适不过。在猪本典子位于

东京的家里（上右图与右页图），角度错落的浮木把手将五斗柜变成了房间的焦点；抽屉面板上深深的纹理因为日晒变得更加明显。

### 雪橇床

在萨塞克斯郡的安娜·菲利普斯家里，儿童床（下图）的材料原本是斯塔福德瓷器厂里陶器货箱的木板。这些木板实在是多才多艺——安娜家厨房的架子也是用它们做的——多年的使用让它们染上独有的醇厚气质。

### 临时将就的板条

我们家里还有一些即兴摆置的板条，用的也是
货箱板（左图），它们和美式金属天花板堆在
一起；有些木板上还留着当年摆放陶器的圈状
痕迹。在板子前面摆置物品，会基于颜色近似、
质地有趣来选择，比如表面有刻线的皮球，一
堆绳子缠成的粗线圈。溅满油漆的木板充当了
儿童独轮车的背景（上图），车子用于收纳，
右侧的旧招牌上印着几个大字"帕森斯箱子"。

**改造过的厨房**

在安娜·菲利普斯家烟灰色的厨房（本页图）里，橱柜是用风化的水果箱子做的，打散、锯开后重新组装成门和抽屉——变成了现代风的家具镶嵌面板。货箱架子上陈列着她收藏的粗陶器（左页图）。

### 浮木巢穴

在日本时尚的丹宁店 Okura 里，浮木边角料创造出了神奇的效果，头顶上这个小窝棚，经过独辟蹊径的雕琢，宛如画廊里的一件艺术品。

### 风化木头

（右页图，从左上起按顺时针方向）木头总是完美地记载着自身的历史，比如米原政一位于东京的店铺 ENSYU 里这些风化的旧木板；离近点看，你会发现小小的活版印刷字块和青苔被精心嵌进了地板的缝隙里；具有 400 年历史的努里斯坦珍稀古宅的一部分，现在伫立在匹普·劳（Pip Rau）位于北伦敦的家里，果木板上镂空部分里闪闪发光的是云母石；填着青苔和活版印刷字块的地板，展示着木板本身美妙的纹理和深色木节。

{金属，漂白的木头}

**未经抛光**

剥去外饰，让一件东西归天然状态，你便能看到材料本来的样子。归于本质后，布满粉尘的砖墙，褪色的木头，以及无层的纸，都带着真诚的质朴，为你的家笼上一层宁静的气氛。持这样的简单，你才能把材质形状各异的物品轻松地混搭在一起，物品的天然状态会让它们彼此相融。我们喜欢用金属互相搭配，但是如果金属被剖得太亮，就只能少使用它了，因为它会让其他材质格外黯淡。然而，经时间沉淀过的金属却会升华，低调的色泽给它们带来了神秘的美感。所以与其掏出银器上光剂，不如点几根蜡烛放松一下吧！

布满粉尘的砖墙，褪色的木头，以及无涂层的纸，都带着真诚的质朴，为你的家笼上一层宁静的气氛。

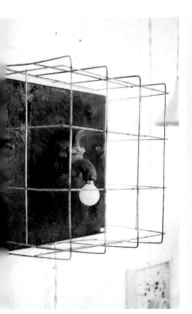

## 逝去的光芒

这个暗淡的镀金镜框（上右图）里水银镜面几乎已经掉光了，很多人应该都不会再留着它了。幸运的是，它的主人安娜·菲利普斯发现了它的潜能，将它的空缺之处用来夹放老照片。安娜还精心地给一盏旧灯绷上丝绸布头拼成的里衬（上左图和左页图）。离奇和意外在不完美的家里绝对占有一席之地：看看这盏笼子里的灯（下左图），水龙头"滴"出一个灯泡，还有墙上这个装在旧马桶座上的台灯（下右图），感觉如何？

### 深入细节

（左页图，从左上起按顺时针方向）我们很喜欢丹宁店
Okura 把垃圾桶都涂成靛蓝色这个做法；大自然已经开
始向这个复古脚踏车行使主权了——黑紫色叶子和花苞
与生锈车架的色调出奇一致；在意想不到的地方你能发
现耐人寻味的图案——这个粉刷过的窗户已经被刮花了，
看起来就像显微镜下的微生物。另一个大自然入侵的例
子（左图），黑浆果枝条像麻线一样随性地缠绕在铃铛
形的灯上；旧文件箱成了绝佳的收纳箱（右图），一个
个杂乱地摞在一起，效果极为突出。

**沉浸在各种质地中**

我家浴室里，二次利用的踢脚线被包在浴缸周围（本页图）；浴缸边"沉浸或游泳"（sink or swim）的标语是用旧凸版字符组成的。材质相同的物品，会因为现在的用途跟原始用途相去甚远而让你多看一眼。又比如洗手池上方的这组收纳柜（右页图），是由烤盘、文件盒以及更传统的镜面柜组成的。

{ 沉默的背景 }

## 水 泥

　　水泥这种材质，从来不会有人笑话它烦琐、不亲民，但其实它是条变色龙：你可以根据自己的喜好随意浇注、铸造和塑形。顺利完工后，它就成了一个表面斑驳、质地有趣的中性背景——任何曾经光脚在磨光的水泥地面上走过的人都会爱上那种绸缎般的凉意。而它也可以制成粗加工的成品墙壁，或者更精致的压印图案瓷砖。配上有机的材质，水泥的暗淡变成了一种品格，为生机勃勃的自然配上默默无语的背景。

## 静止的生命

（左页图，从左上起按顺时针方向）一组别具格调的器皿静物，来自小林和人开在东京的店铺 OUTBOUND；法国的橡木面包托板，靠在我家厨房的水泥台上；表面的光泽让釉面陶器从水泥背景中跳了出来；碎瓷片嵌入水泥地面，几个已经脱落的瓷片留下了妙趣横生的凹痕。

## 质地的组合

（本页图，从左上起按顺时针方向）在小林的店铺 OUTBOUND，缠绕的藤蔓在水泥墙上投下侧影；科斯坦萨·阿尔格兰迪（Costanza Algranti）独一无二的橱柜上有两种截然不同的材料：操作台是不锈钢的，侧面拼搭的是镀锌板。

## 柔软的感觉

旧木材能产生一种效果，柔化钢铁水泥这种坚硬的工业材质。在东京店铺 Starnet 的厨房里（本页图），为了弥补空间的不足，回收木板被做成了宽条纹料理台。而在 OUTBOUND 这家兼容并蓄的店铺里，木箱和木架被钉在水泥墙面上（右页图），重新用于储物。琳琅满目的木器和陶器，以精妙的方式摆放着，引人走近端详。

炼金
术士

—

{ 家居特写

设计师科斯坦萨·阿尔格兰迪喜欢赋予废弃物件新生。她的这件家具是用从垃圾填埋场拖回来的木头、锌板和铜板制成的，这些东西的魅力很大程度上来源于它们自带的迷人光泽及质地。科斯坦萨生活在米兰的伊索拉区，公寓大楼曾经是街区的 "centro sociale"，相当于文化交流中心。她的目标是用自己的创意装修整个家，这样就能打造出一个独一无二的家，让人们看到充沛的想象力加上制作技巧会产生怎样的可能。

**可触知的厨房**

这间开放式厨房（右页图）里，的水泥地板和不锈钢料理台与科萨手工制作的粗糙家具形成了强比。桌子上显而易见的铆钉（右和用弯曲电线做成的灯罩（左图这样展示在人们眼前，创造出斑铜锈相呼应的质朴感。

74

**多重质地**

在科斯坦萨家里，她最喜欢的是厨房，因为清晨会照进来一道柔和的光。采用多重质地的设计方案可以让家中的环境变得充满活力，在一天里，光线在室内不停地游移变幻，投下微妙的影子。

　　科斯坦萨的家具趋于坚固的工业风，但是丰富的表面质地提升了家具的温馨感和家居感。镀锌板包裹的料理台就是一个实例。明目张胆的铆钉和不屈不挠的盒子形，绝对是工业风无疑，但是走近看看它的质地，却会发现它的可爱之处：一个由美妙的白桦树皮混合出的灰灰棕棕的大杂烩。大量使用粗糙的木材——这是一种能产生质地趣味的保险材料——至关重要，因为它可以给坚硬的水泥和钢材充当配角。你可以感受到木头的轻巧，也可以感受到铜和锌的重量。

　　在这里，质地不仅是你用手抚过一件东西时的感受；它也为眼睛带来了某种体验。选择会渐渐衍生出不同颜色和层次的材料，从掉了漆的椅子，到生了锈的铜板，能体验到时间流逝的玄妙感受。这个家里用到的亮色不多——因为不需要，引人注目的东西已经很多了——这里的颜色，都带着矿物的色调，与木头和水泥相处和谐。最精彩的是氧化铜，它的奇光异彩，就像甲壳虫的翅膀一样美丽——化学变化同样能制造出大自然般鬼斧神工的奇幻景象。

光滑的不锈钢与生锈的铜、风化木材形成鲜明对比。

### 不对称性

每件家具都是用回收的木头制作的，包括两个卫生间里的柜子（上图）。厨房的储物柜，敦实的木壳与铜门形成对比（下右图），而那张床（右页图），床头板是里窝那港口渔船的招牌（上面写着："小心推进器！"）。床头板上方的一个个格子组成了收纳空间，这种不对称感令人愉悦。还有一些意料之外的点缀，比如嵌入地面的回收木板（下左图），像是一小块木地毯，打破了水泥的延伸。

**拼接**

在卧室的一楼，有一面由回收木头拼凑出来的收纳墙。每块木板都不一样，然而一致的宽度和规律分布的漆块谱写出一种韵律。拼接风格与其他铆钉金属家具遥相呼应，脱落的绿色漆面与铜绿完美配合。就连楼梯间也是回收再造的：用的是氧化钢材和翻新木踏板。

**Q&A**

**你选择完美还是不完美?**

不完美。

**你觉得家里什么东西可以称得上"完美的不完美"?**

每件东西,因为我的作品都是基于"赞颂不完美"而产生的。是不完美为我的全部创作增添了价值。在我的作品中,我会尽可能让材料保持被发现时的样子,给它新机会和新生命。

**家里有没有一件东西是你最喜欢的? 是哪件,它来自哪里?**

起居室的壁柜。材料来自垃圾填埋场的废铜料坑。我经常使用铜、锌、钢和木头;它们搭配起来很和谐,因为它们的颜色不同,分量和结构也不同。

**你在家时,理想的一天是什么样的?**

就是很轻松。舒舒服服地做我最喜欢做的事: 看书、做饭、听音乐,还有跟朋友在一起。我喜欢让朋友来家里,分享我的作品。

**喜欢:** 大海。跑步。

**最近在看什么书?**

村上春树的《海边的卡夫卡》。

**喜欢听什么音乐?**

帕特·梅思尼 (Pat Metheny)。

**你最近在忙什么?**

我在为一所郊区住宅做一个很大很大的厨房,很乐在其中。

{颜色}
## 浓 淡

在用色方面，大自然极少落下败笔，它总能营造出一种和谐得体的感觉，即便是面对光谱两端的色调。自然的素材，从植物、矿物中提取出的颜色，是家里引入色彩时最绝妙的起点。每件东西都有自己的魅力，从褪为苍白颜色的浮木，到茜草根染色的艳橙色织物，到一碗疙疙瘩瘩的阿马尔菲柠檬。

自然提取的颜色同样能与工业材料的色调和谐相处，比如深绿或琥珀色的玻璃杯，或者灼眼的褐色锈铁。引入一抹增添乐趣的新鲜和明快，就能满足你全部的色彩需求。素色背景总不失为一种明智的选择，它不太容易让你看腻，而且"素"有着惊人宽泛的定义。七叶树果的棕色、墨水的蓝黑色、鸭蛋的蓝色还有水泥的灰色都是能融洽相处的颜色，也很容易让人接受。

经过年月的物品，不管是自然的还是人造的，都不再会呈现整齐划一的颜色。随着漆面剥落或者日照褪色，它们会表现出丰富的色调。锈色因为其丰富的质地维度，比单一均匀的颜色要有趣得多。你可以更大胆地运用锈迹和明暗，将同一颜色不同深浅的大色块装饰在一面墙上。比如，用黏土或者稀石灰粉这种以矿物为基础的涂料粉刷墙壁，会制造出不均匀却令人愉悦的效果。不必担心这种超级哑光墙面上的剐蹭和痕迹，就把它们当作自然老化过程的一环，接纳这种特别的美；它将与不完美的家中的其他一切完美融合。

{ 洗褪的浸染靛蓝色 }

**墨 调**

自然染色经常会被错误地与呆板、混沌的浓淡联系起来，这几张图应该可以消除这种误会了。植物提取的靛蓝色是一种丰富饱满的蓝色，强烈到可以把周遭一切都化为墨色烟雾。天然靛蓝是人类最早采用的染料之一；印度、日本和非洲西部都有它混入布料或其他织物的传统，西方国家则在与这些地区建立贸易之路后开始效仿。因为耐用又禁脏，这种颜色与那些实用料——特别是工装——密切相关。留存下来的工装，像法式长罩衣和夹克都愉快地接受风化和褪色的洗礼，通常还都出于传目的打了补丁。这种材质可以被做成特殊的物品在任何家里展现代靛蓝织物也如是，不管是扎染的小薄毯还是普通的厨房餐巾

植物提取的靛蓝色是一种丰富饱满的蓝色，强烈到可以把周遭一切都化为墨色烟雾。

**颜色对比**

这几张图的共同点，就是丰富饱满的靛蓝染色。这种颜色浸染布料的力度强烈到让周围的环境都笼上了一层墨蓝色薄雾。简单的窗帘和亚麻拼缝餐布（左页图）似乎被饱满的颜色震撼了。还有这些扎染的非洲围巾，它们威严地挂在日本丹宁店 Okura 的楼梯间墙壁上（本页图）。

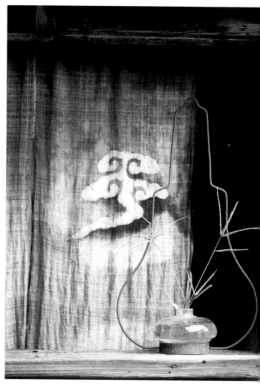

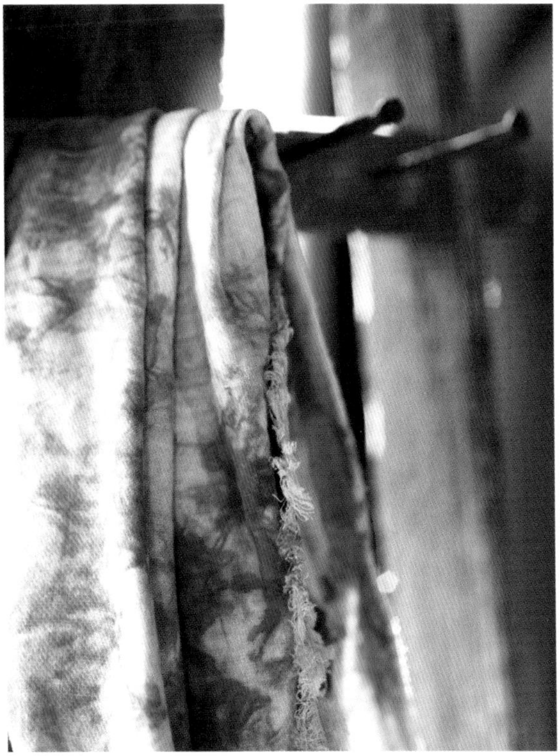

**有点蓝**

（左页图，从左上起按顺时针方向）日本丹宁店 Okura 的楼梯间，水泥台阶都粘上了厚厚的丹宁布，把色彩映射到了墙上；套染的窗帘把光线过滤成浅浅的湖蓝色波浪；纺织品经销商匹普·劳最珍爱的物品——日本的褴褛外套，是用边角料毫无艺术感地缝在一起制成的；一块波斯古董瓷砖，如今被安置在匹普·劳的厨房里，这么多年依然保持着明媚的色彩。

**微妙的深浅**

（本页图，从左上起按顺时针方向）双色线放在一堆靛蓝色的布料上，每块布的色彩都有着细微的深浅差别；扎染布呈现出一种夺目的水彩效果；关根由美子提供的衣衫，稀疏地挂在钢制挂衣杆上。

**工装衣橱**

fog linen work 简单裁剪的衣服（左页图）与靛蓝色完美匹配，这种颜色与简陋的服装有着非常悠久的联系。这时，颜色也成了一种途径，向外界大声宣告着衣服朴实无华的本质。马克最喜欢的这件法式夹克（本页图）依然保持着自己的墨色，这让人很容易理解为什么靛蓝会被用在工装上——不仅因为这种染色制品经久耐用，还因为即便衣服不能经常清洗也不会显得很脏。

### 一种素色

尽管拥有丰富的深浅层次，靛蓝依然有资格算作一种素色，以巧妙的方式表达出它的无压迫性。我们的转角 Loft 沙发（Baileys Loft Corner Sofa），蒙着一层厚厚的蓝色比利时亚麻，还搭配了一块靛蓝色的碎呢小毯。整个沙发靠在一排严重变色的圆润板条上。

{ 浓重、明亮的色彩，波普的味道 }

**活力四射**

强烈的色彩能引发强烈的反应，某种因素或许会给一个人来刺激和兴奋，但却会给另一人带去困扰和不安。这也是在家用素色背景会简单些的原因之一。不过，一点点冒险也可能会造出奇迹。通常，当明快的色彩富有历史感的时候让人感觉更适——就像这里，我家墙上这种白垩、黄色、赭石混杂的涂料不同深浅的同类颜色争奇斗艳也别有趣味——这不是一种常规装修理念，但却能营造出被嘈杂的色彩包围的效果。活力四身色彩经常会成为必不可少、吸引眼球的亮点，比如一朵乱蓬蓬花，或是一盏红如消防车的工业风台灯。

不同深浅的同类颜色争奇斗艳也别有趣味——这不是一种常规的装修理念。

**异域色调**

用相近色度的单一颜色打造一个房间会带来生机勃勃、能量满满的效果。这里所用到的"辣眼"色调——藏红花的黄色、茜草的橙色——会让人联想到印度的节日，但是物品本身却泄露出自己没那么异域的本质。墙面被漆成了不同深浅的黄色，加上黄色夹克——一件旧戏服，给木质工作凳上那些坚硬的东西添了一分柔软（本页图）。

### 色彩冲突

（本页图，从左上起按顺时针方向）在一块涂成特殊的豌豆绿的美式锡板上，锈迹探出了诡异的线路；这种色彩明快的线球能给人带来立竿见影的愉悦感——我家楼梯上就摆了这样一排（见 P18）；撞色绝对是最引人注目的，比如淘自巴黎一家老文具店的荧光色文具，直接从紫色薄纸上跳了出来；这堆柔软的、毛边的碎布头把

明亮的颜色都晕作一团；手工制作的铜勺与科斯坦萨·阿尔格兰迪制作的严重氧化的铜桌子形成反差；我家这扇门这些年体验了若干明亮的色彩，所以我们选择性地剥掉了一些漆面，让它同时暴露出所有的颜色。凯瑟琳·波尔的边角料收集罐（右页图）装满了她不舍得扔掉的各种材质的碎布头。

**大与小**

不要大量使用明亮的色彩去制造冲击感；
我家浴室（本页图）用荧光色的钓鱼浮漂
给原木色和白色的装修风格点缀了一些亮
点。在日本小店 Zakka 里（左页图），由
仲田智制作的红色金属板，为长谷川奈津
制作的三盏精美茶杯提供了完美的背景。

{ 柔软，弱化的色调 }

**白垩色**

在历史上，墙面涂层是基于石灰、泥土或白垩制成的——些材质都能透气，这样建筑物就可以"呼吸"。与现代涂料不同它会根据湿度变化，露出若隐若现的斑迹；并且因为表面不光滑它会使自然光发生散射，让房间显得柔和。这种装修方式最近开始受到追捧，在某种程度上是因为它与老房子更搭、更环保但也是因为它那种难以捉摸、有所克制的柔和会制造出与众不的效果。如果让你的家兼容并包粗糙的表面（不只是墙面的涂层还包括划花了的黑板和暗淡的金属）与光泽闪亮的表面（比如金、云母和贝壳制品）那么你将拥有一座丰富的视觉宝库。

这种装修方式最近又开始受到追捧；因为它那种难以捉摸、有所克制的柔和会制造出与众不同的效果。

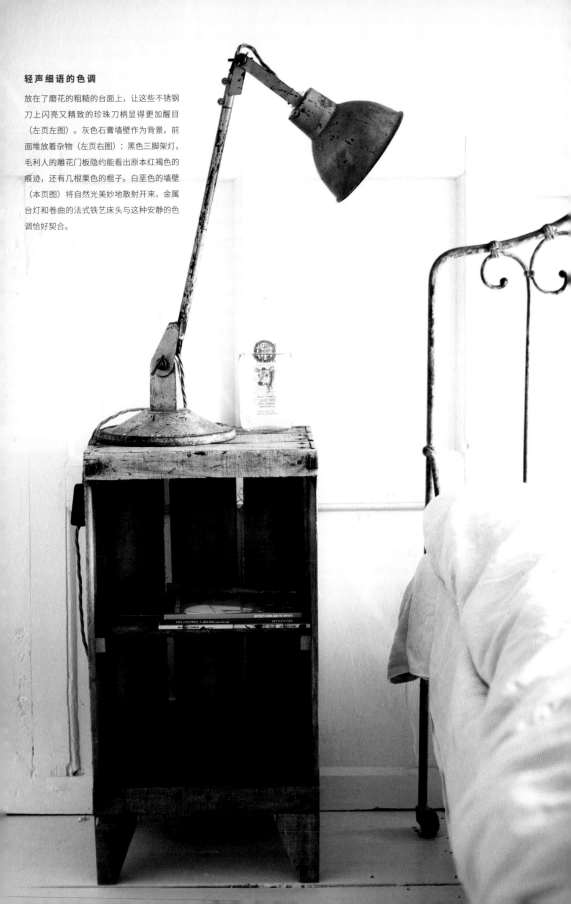

## 轻声细语的色调

放在了磨花的粗糙的台面上，让这些不锈钢刀上闪亮又精致的珍珠刀柄显得更加醒目（左页左图）。灰色石膏墙壁作为背景，前面堆放着杂物（左页右图）：黑色三脚架灯，毛利人的雕花门板隐约能看出原本红褐色的痕迹，还有几根栗色的棍子。白垩色的墙壁（本页图）将自然光美妙地散射开来，金属台灯和卷曲的法式铁艺床头与这种安静的色调恰好契合。

**悠闲的蓝色**

我家这个混凝土浇筑的架子，衬托出手工制品
安详平静的生命状态。这些来自世界各地的物
品，沉浸在温柔的蓝色与丰富的棕色的和谐色
调里。布满气泡的玻璃杯来自喀布尔，旁边有
青瓷、法国产的陶器以及一个日本的乐烧碗。
素色背景的好处，就是有颜色的物品可以瞬间
脱颖而出——你也可以随意编排，喜欢上新的
颜色就换上新的东西。

素色背景的好处，就是有颜色的物品可以瞬间脱颖而出——你也可以随意编排，喜欢上新的颜色就换上新的东西。

**超越苍白**

白加白的装饰风格很简单，只需把不同的灰度和质地叠加起来，如果想让整体更加有趣，就加入一点深色的焦点，比如挂在门上的这件靛蓝色蜡染长袍（本页图）。阿德里安·班农（Adrian Bannon）这件纤巧的上衣挂在我家的木架沙发上方，简直营造出一种灵异感（右页图）。

### 褪为灰色

墨水蓝与蓝灰色又在我家找到了一席之
地（左页图）。墙壁被分成水平的大面
积色块，涂上不同的颜色。就像一张潘
通色卡，色块之间原本是架子的位置，
现在以细线代替作为间隔。一条厚条纹
毛毯，搭在旧皮椅上，挑选的依然是相
似的色调。这个简单朴素的壁炉，砌在
安娜·菲利普斯厨房的一角恰到好处（本
页图）。石灰粉刷的墙面因湿度不同变
换颜色、显出斑迹，并让这个家可以自
由呼吸。

{自然，素色}

**褪 色**

没有亮色并不是家里了无生机的理由。"少即是多"的理念
为我们提供了凝视自然材质内在气质的机会，特别是发现手工
品背后的匠心。只要略微混合质地、形状和色调，就能诞生丰
的视觉趣味。尝试在苍白的墙壁上用物品制造出强烈、暗色的
影（或者反向操作），再用能引人遐思的奇异的、有古韵的物
引入一丝活泼感。

**木头，黏土和水泥**

插满鲜花的质朴法式陶罐，斑驳的釉层带来丰富的色调；木质童鞋鞋楦增加了活泼的感觉，二者各自讲述着自己的故事（左页图）。

**阶梯形轮廓**

苹果箱被我们重新设计成了阶梯形置物架，上方空间吊着一盏工业笼灯。悬垂的灯的鲜明轮廓与落地灯相映成趣。落地灯是我们自己在工作室里用乐谱架和锡质蛋糕模子拼凑起来的。

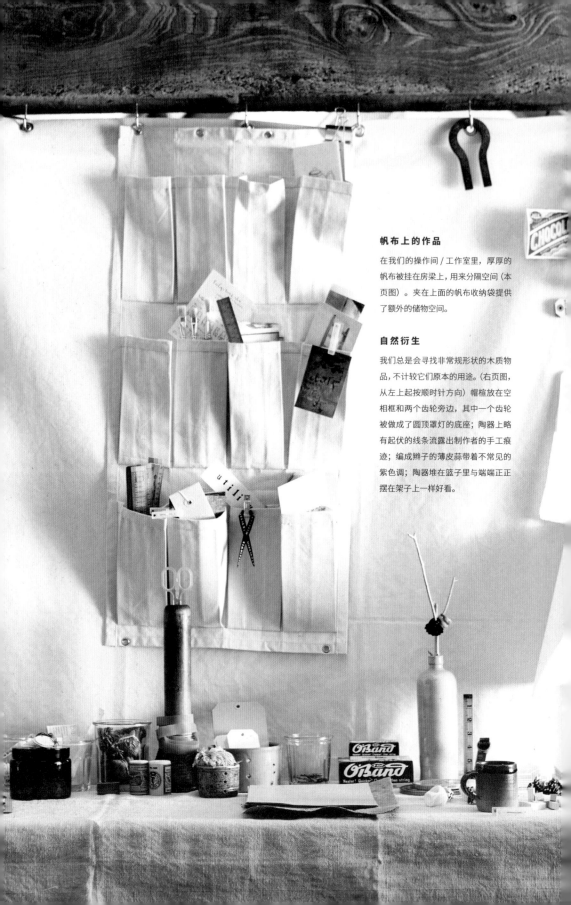

**帆布上的作品**

在我们的操作间／工作室里，厚厚的帆布被挂在房梁上，用来分隔空间（本页图）。夹在上面的帆布收纳袋提供了额外的储物空间。

**自然衍生**

我们总是会寻找非常规形状的木质物品，不计较它们原本的用途。（右页图，从左上起按顺时针方向）帽檐放在空相框和两个齿轮旁边，其中一个齿轮被做成了圆顶罩灯的底座；陶器上略有起伏的线条流露出制作者的手工痕迹；编成辫子的薄皮蒜带着不常见的紫色调；陶器堆在篮子里与端端正正摆在架子上一样好看。

"少即是多"的理念，为我们提供了凝视自然材质内在气质的机会，特别是发现手工物品背后的匠心。

**秋天的颜色**

一枝秋天的山毛榉，带着铜和橄榄绿的色调，与一对车削枫木碗的温柔褐色一致。其中一只碗被立起来，展示着深深的纹理，与树叶上暗暗的脉络完美呼应。

自 20 世纪 70 年代起,匹普·劳就开始收集并
销售中亚和阿富汗的织物。她的客户有私人收藏家、
室内设计师还有影视服装设计师,她珍贵的中亚绯织
藏品还赢得了在伦敦维多利亚与阿尔伯特博物馆展
览的机会。从经销织物开始,匹普就一直住在北伦敦
一栋拉毛粉饰的小楼里——起初住在一层的房间,后
来逐渐买下了其他房间并进行扩建。匹普放弃了自己
在伊斯灵顿的店,现在把店和家合二为一,维多利亚
时代人们挚爱的丰富暗调与精美织物的活泼色泽在
此融合。

**丰富和异域风情**

匹普·劳收藏的色彩丰富的织物,
自那些用织物打造欢快氛围的国度
这样的织物叠加起来会让丰富的色
更加突出,比如这排阿富汗浴袍
页图),或者把它们布置成缤纷
景,像主卧室这样(右页图),
红的墙壁与 19 世纪的塔什干绣品
成趣。

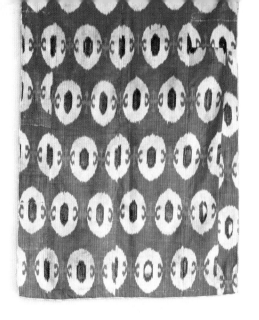

这两种风格搭配起来和谐得惊人：匹普的卧室里，浓重的印度红，绝对迎合了维多利亚风格，又完美映衬着 19 世纪的塔什干绣品——绣品挂在床头和床上方，还有一件用作床罩。窗帘，壁挂和其他小饰品则选用粉、绯红、深红等不同饱和度的红色，整个房间都在以同一种颜色进行叠加，变成了一场视觉盛宴。

匹普的展示间和储藏室里尽是织物：黄褐色、深棕色和蓝色的基里姆花毯，满满一架子的阿富汗浴袍。有一个架子全都是灯芯绒衬衫——这本是土库曼人的一种传统服装，衣服上用五颜六色的刺绣作为补丁。绊织睡袍光彩夺目，用了七种颜色，里衬通常还是对比强烈的花色，尽管如此却毫无违和感。这很大程度上归功于染色和编织技巧——一种颜色模糊地混进另一种颜色——而且每种花色都独特且不规则。

在这里，织物被当作艺术品，而手工工艺和不对称性使它们像画作一样令人赏心悦目。织物给房间带来了温度，手工制品又恰巧映衬了高挑的天花板和错综复杂的石膏戈。虽然聚集着大量珍贵的古董，却不会让来访者产生丝毫压迫感。这很大程度上是缘于房间里充溢着匹普朝气蓬勃的个性，但同羊，这些手工物件所散发的人文气息也起了很大作用。

### 地光效果

会客室（左页图）的墙壁皮大面积抛光，保留下原本的色调——奶白色，墙上用几条珍贵的扎染织物装饰。手工染色的靠垫堆在藤条沙发和椅子上，混杂的质地增添了一抹波希米亚风格的随意感。

### 色彩的淡定

尽管颜色五彩缤纷（上图），物品却营造着自然和谐的局面。

### 传统的线索

这堆地毯展现出更加节制的一面（下图）：泥褐色和暗蓝色，用一缕橙色挑入生气。

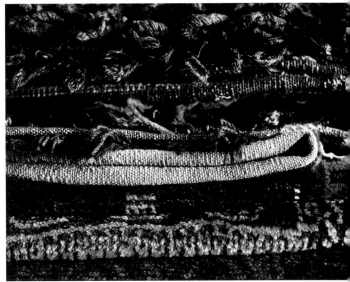

### 低调生活

匹普的起居室舍弃了沙发，选择了懒洋洋的阿富汗睡毯（本页图）；垫子原本是游牧民族装行李用的鞍囊。墙上细节精致、色彩丰富的土耳其花毯，是家里最精美的织物。

### 图案的形成

匹普对图案的热爱在任何物品上都有所体现。（右页图，从左上起按顺时针方向）果木碗与 20 世纪 50 年代的台灯一起摆在土耳其箱子上；主卧室里喧嚣的粉色和红色；成堆的絣织睡袍；木质的小厨具，盛放它们的碗已经 200 岁了，在时光中沉淀成了黑色。

**奢华的浴室**

匹普的合伙人克里夫·理查德森（Clive Richardson）设计和装修的楼下洗手间，装有维多利亚风格的洗手池和水龙头。钉在抛光的群青色石膏墙壁上的毛巾架，是用旧的黄铜水管制作的——这种别出心裁的小设计很像是维多利亚时代人们的做法。

**Q&A**

**你选择完美还是不完美？**
不完美。

**你觉得家里什么东西可以称得上"完美的不完美"？**
我家每件东西都是不完美的，我就喜欢这样子。我特别容易被有故事的物件吸引，就是那种带着一段过往生命和一丝历史气息的东西。

**家里有没有一件东西是你最喜欢的？是哪件，它来自哪里？**
有一条 19 世纪初期的花毯，是我 20 世纪 70 年代在喀布尔买的。它是一个范例，告诉我最基本的设计最经久耐用。尽管有些地方已经磨薄了，我却因此更加喜欢它。它就挂在我的起居室里。

**你在家时，理想的一天是什么样的？**
我喜欢被自己多年收集的物品包围着的

感觉，其中有很多快乐的旅行记忆。这种环境让人很放松。我也喜欢请朋友来家里，我们开过几次特别棒的派对。

**喜欢：** 旅行。在市场里买东西。艺术画廊和展览。

**不喜欢：** 种族主义。自命不凡。制度性宗教。猫。天竺葵。

**你喜欢听什么音乐？**
佛利伍·麦克（Fleetwood Mac），巴赫，各种音乐。

**别人来你家做客时最爱谈论的是什么？**
我认为最能激发人们兴趣的是铺着明顿瓷砖的浴室，抛光大理石墙面的会客室，以及飘窗那里的一对法式门和一扇有弧度的木门。

**雕 琢**

制作这件事是充满乐趣的——抛开成品的艺术价值不谈——不过享受别人的劳动成果同样能带来持续一生的愉悦。人们很容易欣赏高超的技艺，它或许是代代相传的，渗透在乌兹别克斯坦挂毯上的刺绣里或薄得透光的瓷壶里。不完美的家也更拥戴平凡的手工物品。尽管我们生活在一个批量生产的世界，如果想相对容易和便宜一点，不妨引入厨用的木刻勺或者存放小物件的编织碗之类的东西。从那些看似平庸的物品中，你也可以获得更多乐趣，因为你每天都会摸到、用到它。

手工艺在不完美的家里占据着核心地位。每件东西都携带着制作者的手工痕迹，一针一线、一笔一画，注入了真实和真诚的感觉；切切实实地赋予你的家人情味。大多数人的生活离自然世界和面对面的人际关系越来越远，手工艺则是至关重要的试金石。手工制作与批量生产也可以形成迷人的组合——把一个 20 世纪中叶的摩登灯具放在手工制作的碗旁边，二者会彼此调和，在对比中相得益彰。

手工制品通常都比较经济、巧妙，因为它会再利用别人剩下或忘记的东西。这本书里记录的很多人都会用自己的技巧为家中增添手工元素，不管是用废旧材料缠裹衣架，还是凭精湛的技艺打造家具。他们以这种方式，根据自己的需求和品位创造家。尽管创造不完美的家不意味着必须亲自制作或改造物品，但自己动手产生的丰富效果的确难以比拟。

{ 光滑 & 雕好的木头 }

## 车 削

有温度、有质感并充满特色，木头不规则的纹理和色泽使它成为不完美的家里最有辨识度的特征。木头老化的过程很美妙，即便它随着岁月变迁而暗沉、开裂了，看上去依然很舒服。手木质物件有一种特别的气质，能将我们与制造者联结起来，并有一种与生俱来的人情味。找一找木制的日常用品吧——碗、或其他器具——每一次的使用都会让你有所收获。车削和雕刻的木头有非常不同的气质。使用车床削出的物件，更加规整、复杂，也更光滑，如果用油或蜡抛光，会散发出一种迷人的光泽，而雕刻的物件则灌注着来自制造工具和制造者双手的质朴能量。

手工木质物件有一种特别的气质，能将我们与制造者联结起来，并带有一种与生俱来的人情味。

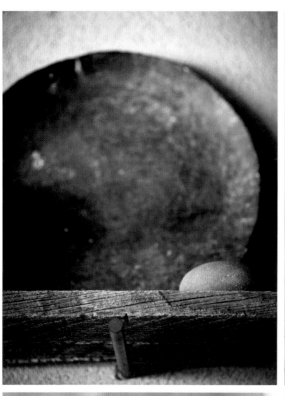

## 用旧和风化

在所有这些简单、未经雕饰的木制品上（本页图和左页图），你都能清楚地看到制作者的手工痕迹——正是这种不规则让它们显得美丽。未经加工或打磨的天然状态意味着随着日常使用，它们很快就会披上一层新的光泽。

## 光滑中的粗糙

直接风化的木板和粗略抹平的墙壁，为东京的店铺 OUTBOUND 里陈列的工匠作品提供了完美的背景。用金属桩把架子固定在墙上，这个简单的主意效果却很好（下图）。出自三谷龙二之手的光滑木勺（左页下左图）与呈现出银色光泽的木板形成了绝佳对比。这把超大的耶鲁钥匙（上右图）和叉子（左页上右图）是我们家的民艺藏品。

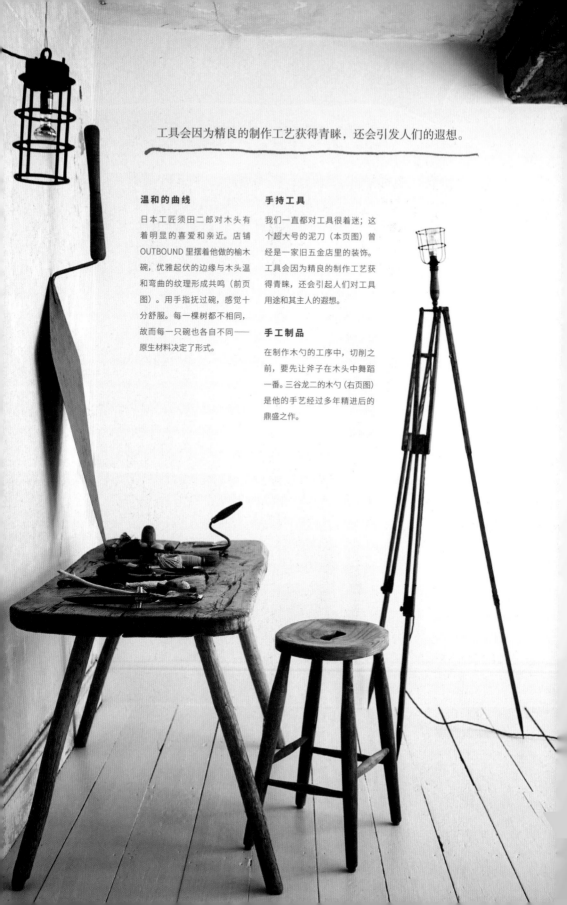

工具会因为精良的制作工艺获得青睐，还会引发人们的遐想。

### 温和的曲线

日本工匠须田二郎对木头有着明显的喜爱和亲近。店铺 OUTBOUND 里摆着他做的榆木碗，优雅起伏的边缘与木头温和弯曲的纹理形成共鸣（前页图）。用手指抚过碗，感觉十分舒服。每一棵树都不相同，故而每一只碗也各自不同——原生材料决定了形式。

### 手持工具

我们一直都对工具很着迷；这个超大号的泥刀（本页图）曾经是一家旧五金店里的装饰。工具会因为精良的制作工艺获得青睐，还会引起人们对工具用途及其主人的遐想。

### 手工制品

在制作木勺的工序中，切削之前，要先让斧子在木头中舞蹈一番。三谷龙二的木勺（右页图）是他的手艺经过多年精进后的鼎盛之作。

朴素的木质家具能带给人的快乐之一，就是你能一眼看穿它的制作工艺。

**瞬间明了**

朴素的木质家具能带给人的快乐之一，就是你能一眼看穿它的制作工艺，它可能是粗笨的销子钉上的，或者优雅一点，是用楔形榫头连接的。每一次明了的瞬间，都会使人舒适感油然而生。在保里正人位于东京的店铺 SAML. VALTZ 里，架子、水果箱、桌子和长椅（左页图）都有这种能被轻易看懂的特点，OUTBOUND店里的桌子也如是（下图）。这两把椅子仿佛在进行一场远距离对话，一把在东京的阳台上（上右图），另一把则在我们赫里福德的家里（上左图）。

{ 有裂纹、不均匀的陶器 }

## 拉 坯

拉坯——是在拉坯机上完成的——似乎把旋转的能量揉入器中。用这种方法可以实现完美对称，但实际不必要完美：黏上柔软的凹痕和温和的线条，能如丝线般穿起作品和作者。日的哲学"侘寂"——在不完美中找寻美——在乡村陶器中得到无与伦比的展现。几个世纪以来，不均匀不对称的器皿，却是致的茶道仪式的最佳伴侣；萩烧尤为自豪的一点，便是浸入釉裂痕里的茶渍会随着时间发生变化。任何陶器上的釉彩，从法粗陶器到英国施釉陶器，烧制的过程中都会增加一层不确定性因为每一件器皿，都是化学与工艺的联姻中诞下的独一无二结晶。

用拉坯机拉坯似乎把旋转的能量揉入陶器中。

## 陶土大师

建筑师大桥涉每日用到的耐用陶器摆满了他办公室的木架（上图）。吉村眸的店铺 Zakka 庇护着一些杰出的日本陶艺师，包括岩田圭介，架上的作品大多出自他手（下图）。有些碗（架子中层，左侧）是浅井和介的作品；茶杯和茶碟（架子顶层，中间）是山野边孝的作品。

## 都市乡村风的厨房

小店 Zakka 的厨房区域里（左页图）安置的大面包桌和木质橱柜，使这里看起来更像是一座豪华古宅里某个楼下的房间，而不是一间位于日本都市的店铺。不锈钢的料理台、抽油烟机和磨砂金属吊灯引入了风格迥异的工业美感。

猪本典子的家带着东京典型的紧凑感，但她依然没有把东西收起来，而是放在外面展示。

**小快活**

花艺造型师猪本典子的家（本页图）带着东京典型的紧凑感，但她依然没有把东西收起来，而是放在外面展示。在厨房料理台下的不锈钢架子上，竹质蒸笼和蒸锅已经溢了出来，台上则留给了欧洲风格的白色上釉陶器。有时候，一件器物单独摆放也恰到好处，比如日本店铺 ENSYU 里的这个旧花瓶（左页图）。放在粗略地糊着墙纸的白墙前面，这种彻底的单色调被黑白相间的桌子衬托得更加显眼。

## 陶器艺术

我们收藏的迪伦·鲍文（Dylan Bowen）
的施釉陶器具有很高的辨识度（本页图
和左页图），光滑的涂层充满活泼的表
现力。"泥釉"混合了黏土和水，涂在
器皿上，表面施一层釉，流露出棕黄色。
这种古老的工艺在迪伦手中获得了新生，
17世纪的民间施釉陶艺与当代的抽象艺
术产生了共鸣。可能正是这种新旧传统
的混搭，使他的作品完美融入了我家。

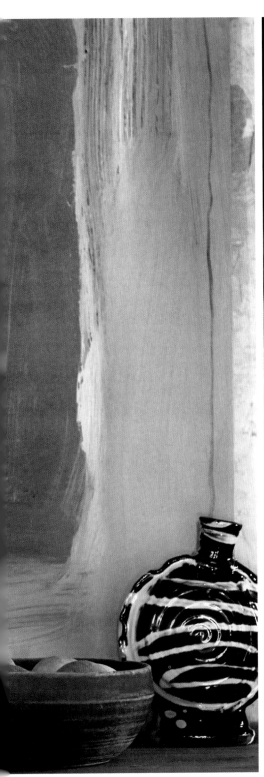

## 艺术的一部分

画不挂起来,而是立起来,这意味着画前摆放所有的东西都成了艺术的一部分,比如康沃尔郡的画家大卫·皮尔斯(David Pearce)的黑色花瓶(左图)给几枝水仙花充当了边框。而他的油画在迪伦·鲍文光亮的施釉陶器后面,无意间散发出一种活力。猪本典子家里的陶碗(上图),底座形态优雅,这只碗是茶道仪式上的用品,因其精妙的不完美感而犹显珍贵。

{ 循环利用 & 改变风格 }
**重赋使命**

　　在旧物品上发现新用途需要动用强大的想象力，不论是让工业物品容身于家居环境的灵感，或是更进一步，把疯狂的创造力施展于随手可得的东西。物品古怪的罗列方式有时能给家带来意想不到的幽默感。用奶油蛋糕的模子和水龙头做灯，或者用鞋楦做iPad 支架——在给这些被遗忘或抛弃的旧物品赋予新使命的同时，也能获得创造的满足感。

**新玩法**

铸铁玩具陈列于没有背板的木相框里（本页图）。这种堆放产生了无忧无虑的视觉效果，刚好迎合了玩具本身的活泼属性。生锈的美式马鞍型信箱（左页图），在米原政一的店铺 Buaisou（無相創）里被当作文件收纳箱。桌、椅和灯都是工厂的废弃物。

**铺板成桌**

找个支架是把板状物变成工作桌的古老方法之一，桌面可以是脚手板或者旧门板，如果你找到其他想用的东西，更换起来也容易。在保里正人位于东京的店铺 SAML.WALTZ 里，搁板桌（本页图）下面码放了很多水果架，我家（右页图）则是把货物托板用作桌板，配合着马克自制的荒唐的 iPad 支架。

**演进中的椅子**

这件家具的核心是一把松木平板椅，名字叫"第三"，出自英国设计师马克斯·兰姆（Max Lamb）之手。（在东京的店铺OUTBOUND 里）小林和人收藏了这件家具，并且用旧箱子和木头做了扶手和附加底座，还用带子绑上粗麻布当作椅垫。成品看起来有一种动感，就好像浅色的新木头是从粗糙的老木头里生长出来的一般。

二次创造不需要 DIY 技巧，只需要看到事物潜质的能力。

### 对寻常的反思

二次创造不需要 DIY 技巧，只需要看到事物潜质的能力。（从左上起按顺时针方向）低保真日历，是由北出博基用石头、贝壳和沙子放在木托盘里做成的，看起来像一个微缩的日本庭院；一块风化的木头放在金属托架上，便成了东京店铺 Buaisou 外随意的招牌；在科斯坦萨·阿尔格兰迪位于米兰的家里，一块沟壑深深的浮木变成了实用的肥皂托盘；马克做的灯，裹着织物的古旧电线吊着切掉底的酒瓶。

　　三谷龙二是一位著名的手艺人——他制作托盘、勺、叉和碗等木质餐具——但他也热衷于推广日本手工艺、组织展览以及写书。在风景如画的日本城市松本，他的家、画廊和工作室都印证了一点，那就是被手工制品包围就能获得简单的快乐。龙二家里没有过多的物品，这意味着你会去认真关注那些摆件的细节：碗里细致的凿痕，皮椅用久产生的光泽，雪白纯棉窗帘上的折痕。

**完美的简单**

三谷龙二的家兼工作室就像是一件物：物品的陈列十分考究，没有多余或违和的东西。简单是这里的题。没有图案也没有装饰，眼睛去关注形状和质地：比如在龙二雕刻的木托盘上，摆放着系着皮咖啡壶和手工制作的茶壶（左图）

**精心制作的厨房**

中古风家具温润的原木色泽与龙二
橱柜的浅色（左页图和本页图）形
成了对比。厨具是他自制的，就像
他喜欢的碗和其他小东西一样，散
发着幽微的能量。

**随机应变成画廊**

墙上没有一幅画的房间里，开放的置物架，摆满书籍和叠放的器物，产生了装饰的趣味（本页图）。简单的浅白加原木色调，将一切物品都变成了艺术品，如果遇到手工制品，你更有仔细端详的兴致。

**安静与真诚**

这个家里有一种真诚感，与家中的物品形成呼应。裸露的房梁和火炉上方敦实的烟道（右页左图）以及白色的搪瓷吊灯（右页右图）倾诉着家的主人对于未经装饰的物品的热爱。唯一的一抹亮色来自院子里清新的草木，它将人的视线引至室外。

龙二或许会用到一些古老的技艺，但是这个家从整体看来却是现代的极简风。

在这里，几乎每件摆放在外的物品都具有实用性，龙二的工作室、作坊和生活空间无缝相融在一起。他的手工用具已经达到艺术品的层面。工具整齐地挂在墙上，形态或是与白色背景形成对比，或是与地板形成呼应。传统工具和古老的木工机器，既是旧物的经典代表，又满载故事，似乎在等着别人提问：如何使用它们，是怎样的一双手曾经握过它们，又有什么东西因它们而产生。

因为这种简洁感，日本的工艺经常能给家创造出一种永恒的感觉；龙二或许会用到一些古老的技艺，但是这个家从整体看来却是现代的极简风，混搭着工业风的搪瓷灯与典型的中

古风家具。他同样凭借手艺，用木头做出自己专属的柜子，包括一套低调含蓄的橱柜。木头在房子里占据了很大比重，木质地板和窗框，以及房间里的物件，从旧桌子到开放置物架。

这里没有一件东西是多余的——椅子放在这个位置因为有人需要坐，而不是为了填补角落或增加装饰。碗、厨具和茶壶也都是要用的，这与龙二豁达的哲学观点紧密相连：他说亲手拉坯和雕琢碗是为了日常使用，不是为了特殊场合。他认为每日做饭和吃饭用到的物品应该是在最理想的状态下手工制作的——不仅仅是因为他们会带来触觉上的愉悦，更是因为它们会把我们这些人联系在一起。

**素色的戏剧**

家中的这个角落呈现出一幕素色的戏剧：烧火用的呆板钢炉，木地板，米白的窗帘。这里有一种宁静、修行的感觉，只服务于最基本的睡眠和保暖需求。

几乎每一件摆在外面的东西都是有用的，除了龙二那些随手钉在墙上的精美水彩画。

**摒弃直线**

龙二的漆作坊里有充足的自然光。就是在这里，他把颜料调进白色胶状的漆树汁液里，再一层层刷到自己的作品上（上左图）。倒扣着的碗已经刷好了漆，放在架子上等着风干（下图）。每刷一层漆要放置 24 小时，因此最终的色泽才会深厚、饱满，富有光泽。开放式架子展示着他抽象的碗碟作品，除了那个血红色的大托盘，其余全部是素色（上右图）。

**行业工具**

龙二的作坊和他的生活区一样，体现着认真和精确，工具都像剪影一般盘踞在墙上（本页图和右页图）。工具奇特的形状让人不禁想走近细看，而它们身上的岁月痕迹隐隐透露出，许多物件曾因它们而生。这里，仿佛每件工具都有自己的专属位置——这是一种单程、高度有序的思维方式的产物。让人意想不到的是，这些绝不是在过时落后的制作工艺中会用到的早已无人记得的工具，它们仍然每天都在被使用、被爱惜。

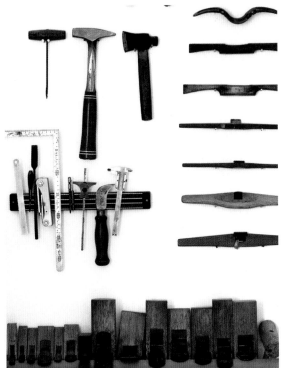

**你有没有属于自己的生活哲学?**

我喜欢简单和舒适的日常。我没法改变整个世界,但是希望我的木质物品可以为别人的生活带来简单和舒适。

**平时喜欢听什么音乐?**

凯斯·杰瑞特(Keith Jarrett)和比尔·伊文思(Bill Evans)的钢琴曲。

**哪些作者或书给过你启发?**

吉本隆明的《最后的亲鸾》,夏目漱石的《门》,还有伊丹十三的《女人们》。

**你现在在看什么书?**

长田弘的《以诗数友》(詩は友人を数える方法)和米兰达·裘丽(Miranda July)的《没有人比你更属于这里》(*No One Belongs Here More Than You*)。

**喜欢:** 把桌子搬到室外,在树荫底下吃午餐。美食和好友。用心制作的织物和编织篮。白色瓷器和亚麻床单。好用的木质器皿和椅子。

**你有什么偏爱的食谱吗?**

有——葱(日本葱)拌面。需要橄榄油、蒜末、细葱丝还有面条。锅中倒入大量橄榄油,放入蒜末。用小火炒至蒜末变软,然后加入细葱丝,继续小火炒软。再烧一锅水,加一小撮盐。把面条放入沸水。等面条熟了,盛出沥干,然后放入混炒好的葱料拌匀就可以了。

{藏品}

**收 集**

在家里展示物品是一种表现个人喜好的方法，这样就可以将大众化的空间变成弥漫着个人风格的地方。对大多数人来说，布置（或重新布置）物品的过程跟疗愈无差，退后一步欣赏那种令人着迷的和谐景象也是乐趣的一部分。

藏品使你可以化身为布展师，你可以挑选看起来最适合的物品进行组合，而且与博物馆或画廊不同，没人会从艺术价值的角度去评价你的东西。在不完美的家里，所有物品都可以用来展示。有时候只要将眼光跳出物品日常的功能属性——从一个水壶到一双鞋，别去关注它的轮廓、颜色或光泽，去体会它摆在其他物品旁的感觉。

在使用情境之外陈列日常用品，会让你以截然不同的眼光去看待它。一些原本看起来并不起眼的东西，比如彩色平底玻璃杯，大量码放在一起却变成了一场视觉盛宴。让不相干的东西和谐相处是一种艺术，但有个小窍门，就是保证这些东西不要差异太大。尝试不同的形状、大小、质地和材质，达到一种既能刺激视觉却又和谐的组合。

如果你居住的空间较小，寸土寸金，那就牺牲藏品的装饰性，强调功能性。例如，旧箱子摆在一起就形成了宝贵的收纳空间，兼具视觉冲击性，碗和面包板在这方面也很实用。或者你还可以试试收集微型物品，米原政一与上野雅代把小小的活版印刷字块嵌在地板的缝隙中（见P59）。与最好的藏品一样，它创造出的有趣独白会激发人的想象力，并让你俯下身来仔细端详。

**捡到的**

我家里很大一部分的物品根本都不是家居用品。有一些原本是商业或工业用的——店铺招牌、鞋楦、钓鱼浮漂和学校的课椅——其他就是凭感觉捡到的，比如羽毛、石头、榛树树枝。正是这种"他用"使它们变得令人兴奋、饶有趣味。我们相信只要是带有倾诉感的东西就能在家里找到一席之地，这与它的出身无关：有的东西老化的方式耐人寻味，有的会引人探寻它的前生和用法，这些都会增加物品的故事性。随意捡到的物品累积到一定数量，会释放出装饰潜力，所以记得收集那些能抓住你眼球的东西，攒到多得惊人的时候再看看能做点什么。

我们相信只要是带有倾诉感的东西就能在家里找到一席之地，这与它的出身无关。

**古怪的东西**

捡到的东西会创造出一种出乎意料的感觉，尤其是把它们与传统的日常物品并列在一起时。鸟笼很可爱，即便里面没有毛茸茸的房客（左页左图）。已经淘汰的印刷字盘如今很容易找到，特别适合充当小物件的展示格。安娜·菲利普斯家的这个字盘里精心铺着书籍的衬页（左页右图）。保里正人在东京开的店里，黄铜和钢混合制成的剪刀摆在更加日用的物品旁边，就成了天然展品。

鞋属于那类最容易唤起情感共鸣的物品，
因为它们会记住主人的形状和本质。

### 形中的藏品

家农舍顶层的工作间是藏品
形的地方，那就像是个临时
所，从珍珠刀柄的餐刀到20
纪50年代的地球仪都生活在
里（左页图）。鞋属于最容
唤起情感共鸣的那类物品，
为它们会记住主人的形状和
质。暖气上有几只行色匆匆
帆布踢踏舞鞋（上图）。马
每次找到塞着旧纸巾或报纸
鞋都会特别兴奋（下图）——
说明鞋子曾经的主人有多么
惜它们。

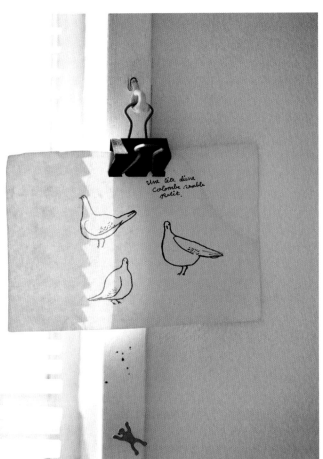

### 今日特展

大桥涉家的阳台上每天都有三只小鸟光临。用燕尾夹夹住的这张"かわいい"（日语"可爱"的意思）的画，是他诠释它们的一种方式（左图）。匹普·劳壁炉架上的陈设很多年没变过了，这里绝对是大杂烩，有来自伊斯坦布尔的科普特十字架，来自俄罗斯的袖珍圣像，还有来自印度的人像。墙上是 19 世纪早期的花毯，因为其年代和不常见的正方形形状而分外珍贵（右图）。

匹普·劳壁炉架上的陈设很多年没变过了，这里绝对是大杂烩，有来自伊斯坦布尔的科普特十字架，来自俄罗斯的袖珍圣像，还有来自印度的人像。

## 注意标识

零售业用的标牌和其他临时招牌起初都是
为了抓人眼球而诞生的——毕竟吸引注意
力是经营的首要目的——这些物品通常都
制作精良,设计中蕴含着一种生命力。理
发店招牌上醒目的红蓝白色带(上图),
为我家已经风化的桌子增添了趣味和色
彩。巨大的齿轮被当成镜框。工业风的台
灯打开后,光亮便会被后面的镜子放大。

## 有如羊羔

古董织物零售商凯瑟琳·波尔忍不住买下
了这只温顺的羊(下图)——一块钉着钉
子的木板,用羊毛线串在一起,画上脸。
产地是法国南部。她不知道这东西究竟是
做什么用的,不过猜测也正是乐趣的一部
分:商店招牌?又或许是教堂肖像的一
部分?

**引导视线**

更多藏品陈列在我的工作间里（上图和左图）。白色墙壁和海草席子为不停变换的陈设充当了很好的空白背景，每张桌面上都铺满了吸引人的物件。这些东西全部属于同一色系，褐色加原木色，几串非洲贝壳项链提亮。乡村风的粗陶器都来自匈牙利，那里拥有深厚的民间陶瓷工艺传统。几根雕花木质楣梁和马克古怪的三脚架灯座纵向分割了整体布局，既填补空白又引导了视线。

{ 有用的日常物品 }

**每一天**

　　一般来讲，日常用品都会收进橱柜里，但本书特写的几个家庭都将实用的工具和餐具摆在开放的架子上展示，让它们与更具装饰性的物品平起平坐。如果你少使用一点塑料材质，多使用一些天然材质，比如木头、丝线、竹子、芦苇还有软木，那么开放的置物架会自动营造出一种和谐的感觉。抛弃那种要把"最好的"瓷器或玻璃器皿留给特殊场合的念头，尽量把心思花在自己经常用到的东西上。理想状态下，这些东西应该是有触感的手工制品，比如每天摸着手工拉坯的碗或骨质手柄的刀具、餐具，那种满足感虽然微小，却绵延良久。

**架上生活**

收藏迷保里正人游遍欧洲大陆和斯堪的纳维亚半岛，
为自己的店铺 CINQ 和 SAML.WALTZ 搜寻货品，然而
最后大多数成果都住进了他的工作室，他偶尔也会睡
在这里。我们去他店里和工作室拍照的前一晚，正人
熬到凌晨四点重新布置了自己的置物架（左页图和本
页图）。和我们见面的时候他眼神疲惫却愉快。他绝
对是个发烧级的藏家。

宝石一般的玻璃杯会在墙壁上投下彩色的影子。
把几只杯子码放在一起便能绘制出不同的色彩层次。

### 色彩阵容

保里正人收集的粗陶器和瑞典玻璃制品（左页图）。宝石一般的玻璃杯会在墙壁上投下彩色的影子。把几只杯子码放在一起便能绘制出不同的色彩层次。

### 微缩世界

安娜·菲利普斯家里，几罐颜料放在了一个盒子状的架子上，架子本身被改造成了一个小房间，里面摆着一套玩具桌椅（上左图）。翠绿色的玩具刚好与架上瓶子的颜色对应。建筑师大桥涉把自己设计的复杂建筑纸模排成一列摆在办公室里的架子上，形成了一场引人入胜的展览（上右图）。火柴盒标签就像是社会历史的窗户，以方寸之地折射出当时的美术潮流。正人的一些藏品就装在木质的玩具卡车里（下图）。

**游戏场**

保里正人从欧洲收集吉他，同时也出售吉
他。在他的店里，他像对待艺术品一样，把
吉他挂在墙上，三个一组，赏心悦目（本页
图）。实际上，这些吉他之间的差别让这样
的展示更令人着迷，因为眼睛会不停地寻找
几把吉他在大小、做工、细节方面的差异。

**职业优点**

大桥涉那间井井有条的办公室（右页图），
被一堆模块化的收纳格占领了，满眼皆是黄
色的盒子和文件夹，以及杂志和书籍。

**随时待命**

这些刷子（右图）基本都购于东急 Hands。
那是日本一家出售手工艺品、文具和家居用
品的连锁店，货品注重简单实用，比如竹柄
刷子和剑麻绳。刷子并排摆在桌上，就像是
在昭示将创意变为现实的决心，似乎它们随
时可以开工，执行自己的任务。我们的一小
部分木尺藏品（上图），其中几把折叠尺中
间的黄铜合页都脏了。这种尺子现在还能买
到全新的——而且几乎没有任何变化——只
不过旧尺子上会充满时代感和工业气息。

{ 自然的临时展品 }

**旋生旋灭**

生长不息，凋零不止的大自然具有与生俱来的不完美，在家中引入永恒变迁的意识也是不错的做法——因为这种意识将我们与外界联系在一起，也因为静止不变的家实在有些乏味。忘掉那些稍一衰败就被抛弃的新鲜花束，选择那些枯萎时或凋亡后也很有看头的植物，比如仿佛罩着蕾丝花纹的中国灯笼草或是结构独特的刺芹。尝试在一个非常规的器皿里放一种单一的花草，这样就不会有谁抢了谁的风头；长长枝蔓上的生命接力，也能凸显大自然不受人操控的一面。

**野性的呼唤**

一枝薄如纸片的干花放在不锈钢台面上 (P176)。
把花束在温暖避光的地方倒挂起来，几星期后
你就能做出一束干花。常青藤从玻璃瓶里探出
头来，在石桌上蜿蜒生长开来（P177）。这种
植物在秋季尤其好看，彼时会开出星星点点的
淡绿色小花。

**自然的摆设**

鲜花是给房间植入亮色的简便方法。把形态可爱的应季花
朵——鸢尾花和金银花——朴朴素素地插在玻璃杯和瓶子里，
摆成一排立在白色壁炉架上。这种摆法看似随意，其实在器皿
的高低起伏中融进了一些想法（上图）。在东京店铺 ENSYU
的橱窗里，插着嫩绿枝条的旧药瓶栖息在磨花了的旧椅子上，
这种罕见的组合充满新意（右页图）。从屋外直接折下的枝条
将小房间与大自然简单干净地联系在一起，这是那些空运的非
应季花朵做不到的。

**平衡**

花艺造型师猪本典子有一种天赋，能让花朵草木与花器完美平衡。高挑的花瓶里插上结着果实的橄榄枝，一朵紫罗兰从瓶顶钻出来偷偷窥视；下方的袖珍水罐里，另一朵紫罗兰正在休息。陶瓦罐恰好与橄榄枝原产地的地中海风格相符。

### 简朴的枝条

在日本的小店 Zakka 里，保鲜罐里放上几枝绿植就成
了最简单的摆设（上左图）；试管和铁丝编成的花瓶
很适合展示常青藤这样的单枝绿植（上右图）；东京一
个阳台上，倒扣的陶土花盆虽然过时了，却依然生机
勃勃（下图）。

### 城市里的自然

东京的店铺 Okura 以靛蓝染色的布料和织物闻名，店外，
铁丝弯成的油灯变身为花架，中间坐着又矮又胖的玻璃
花瓶，里面插着稻草。几个粗布缠裹的大坛子里，同样
也种着草，这股充沛的自然气息，与沉默的瓦楞锡质外
墙形成了对比（P182—183）。

### 户外工艺

日本的小镇益子町是小店 Starnet 的发源地，这个画廊
兼工作室里展示着当地的作品。在户外的料理区，几个
树桩围成了一圈供人小憩，旁边还有个石砌水池（P184—
185）。

　　古董商兼室内设计师吉田昌太郎和合伙设计师高桥绿的度假屋，在距东京两小时路程的北部郊外。这是间翻新的出租车调度站，最初建于 20 世纪 30 年代，现在这里也是两人做生意的小店"Tamiser"，顾客可以来此挑选购买商品。这种经营理念在日本十分罕见，通常日本人都会严格保护家庭的隐私和空间，但似乎离开城市，就有了更多交通的自由，也有了更多收集和展示的自由。书籍、厨具、玻璃制品等，与奇特抽象的物品一样具有视觉冲击力，直接摆在轻快的工业风背景前面。

**布局整齐**

一间忙碌却高效的厨房既是做饮
方，又是展示的地方。小推车
和右页图）是传统厨房工业化料
的替代品，错落摆放着刀具和器
光滑、"冰冷"的材料，比如不
水槽和水泥地面，与用旧、磨旧
显是手工制作的物品形成反差。

昌太郎承认自己是个完美主义者，但他同时也喜欢让家里的边边角角出现一些小散漫。

## 在椽子上

厨房的储物空间（左页图）几乎延伸到了椽子上，开放的置物架带来整齐的效果，尽管里面摆放的陶制品和玻璃制品形状大小各异。

## 泥土的和谐

当大量物品聚集在一起时，可以通过控制材料的颜色来实现和谐效果。陶土、玻璃和木头汇聚起来（上图）能创造出乡村风格的组合。每件物品都有着明确的用途，这并不会影响它们的魅力。

工业风的改造通常包含简单、诚恳的建筑方式和异常充足的自然光线。昌太郎和绿的家也是这样，开放式的房间几乎整个都泡在阳光里。暴露在外的椽子和木板墙面，全部被刷成白色，在一个非常规的空间里却有一种整齐与韵律感，比如大小不同的门窗像七巧板一样，把生活空间和店铺分割开来。昌太郎在厨房里用巨大的工业推车取代料理台，以增强这种视觉体验。金属双层床原本就是房间里的家具，那曾经是出租车司机下班后休息的地方。

昌太郎在古董行业的背景，使他能轻而易举地把一次性的物品组合出和谐感。中古风的设计书展示着自己的封面。工业风的物品在白墙前凸显出自己的形态。屋中大多数都是简单、实用的手工制品，这恰巧让物品之间产生了关联，纵使这种关系很隐晦。软家具的缺失可能会让房间显得冷清，但是自然材料的运用能稍微提升一些温度。这就是昌太郎和绿采取的一种简单质朴的手段，并且效果显著，这种自己对自己负责的布置方式，创造出了秩序和宁静感。

**谦卑的基调**

刷白的木制品为家具和电器的混合提供了整齐划一的背景（本页图和右页图）。不起眼的物件，比如这个用旧木材改造的长桌子，旁边围着一圈中古风的芬兰凳，一切恰好吻合了房间的风格，这种谦卑的基调正符合出租车调度站的感觉。

### 灵活生活

笨重的大件家具一旦装上脚轮就变成了分隔大面积开放空间的利器，而且还便于迅速调整。这个一半刷白的置物架的高度恰到好处——来自上方窗户的光线可以越过架子顶部照进屋里——同时它又能把金属双层床与周围隔开，出租车司机从前就是在这样的双层床上休息的。

由于家中没有内墙，昌太郎和绿用这种充满想象力的方式灵活地分隔出生活与工作的空间。

### 一次性展示

昌太郎和绿非常善于以创造性的方式展示一次性的、看起来不搭的物品。小宝贝都放在展示格里（上左图），一部分书籍用图书馆里的方式，封面朝外摆放开来——花花绿绿的封面如同艺术品，而且还能随时更换（上右图）。浴室里粗糙磨花的墙面（下左图），还有马槽般的洗手池（下右图）顺应了房屋整体深受工业风影响的主题。

**Q&A**

**你选择完美还是不完美？**

我是个完美主义者。但是我尽量不让自己每天都如此。

**你觉得家里什么东西可以称得上"完美的不完美"？**

我总是尽量做到完美，但是我觉得加入百分之十的不完美能给空间带来更轻松的感觉，这很重要。

**你日常生活的哲学是什么？**

我喜欢五花八门的风格，也爱探索和体验新事物。

**你店里的商品都是怎么挑选的？**

我只要一闭上眼，脑海中就会出现一个虚构的理想空间。我给店里买东西的时候，感觉就像给这个虚构的空间里添置东西。我不在乎那些东西是哪里制作的或者是什么年代制作的。我只是周游世界，然后凭直觉寻找。

**喜欢：** 喝红酒，去正宗的日本酒吧喝点鸡尾酒。

**不喜欢：** 写东西晦涩难懂或者说话高深莫测的人。

**喜欢听什么音乐？**

约翰·道兰德（John Dowland），巴赫，英国传统民间音乐，有时候还会听听奥兹·奥斯本（Ozzy Osbourne）。

**有哪些作者或者书启发过你？**

德里克·贾曼（Derek Jarman）的电影《花园》（*Garden*）。安德鲁·怀斯（Andrew Wyeth）的一本画册，还有保罗·弗斯科（Paul Fusco）的《肯尼迪葬礼列车》（*RFK Funeral Train*）。

**最近正在看什么书？**

我正在看开高健的《上钩》和彼得·卒姆托（Peter Zumthor）的合集。

英 国

**Baileys**
Whitecross Farm
Bridstow
Ross-On-Wye
Herefordshire HR9 6JU
01989 563015
www.baileyshome.com
我们的店——破旧的、风化的、不完美的。

**Brook Street Pottery**
Hay-On-Wye
Herefordshire HR3 5BQ
01497 821070
info@brookstreetpottery.co.uk
工作室陶瓷及常规展览。

**The Cloth House**
47 & 98 Berwick Street
London W1F 8SJ
020 7437 5155
www.clothhouse.com
坚韧布料、亚麻、复古品、服饰用品。

**Contemporary Ceramics
Centre**
63 Great Russell Street
London WC1B 3BF
020 7242 9644
www.cpaceramics.com
当代工作室陶瓷。

**The End**
Castle Street
Hay-On-Wye
Herefordshire
07779 788520
旧物和匈牙利亚麻。

**Katharine Pole**
07747 616692
www.katharinepole.com
法国旧物和织物。

**Le Chien et Moi**
60 Derby Road

Nottingham NG1 5FD
01159 799199
家居用品。

**Material**
131 Corve Street
Ludlow
Shropshire SY8 2PG
01584 877952
www.materialmaterial.com
画廊，书店。

**Melanie Giles Hairdressing**
59 Walcot Street
Bath BA1 5BN
01225 444448
www.melanie-giles.co.uk
不完美发型设计。巴斯、弗罗姆和雅芳河畔布
拉德福德的沙龙。

**Richards Booth's Bookshop**
44 Lion Street
Hay-On-Wye
Herefordshire HR3 5AA
01497 820322
www.boothbooks.co.uk
书店，电影院，咖啡厅。

**Robert Young**
63 Battersea Bridge Road
London SW11 3AG
020 7228 7847
www.robertyoungantiques.com
民艺，家具及其配件。

**Selvedge**
162 Archway Road
London N6 5BB
020 8341 9721
www.selvedge.org
织物和手工艺相关双月刊杂志。

**Spencer Swaffer Antiques**
30 High Street
Arundel
West Sussex BN18 9AB
01903 882132

www.spencerswaffer.co.uk

**Summerhill and Bishop**
100 Portland Road
London W11 4LQ
020 7229 1337
www.summerhillandbishop.com
手工厨具。

**The Art Shop**
8 Cross Street
Abergavenny
Monmouthshire NP7 5EH
01873 852690
www.artshopandgallery.co.uk
艺术用品，常规展览。

**Tim Bowen**
Ivy House
Ferryside
Carmarthenshire SA17 5SS
01267 267122
www.timbowenantiques.co.uk
威尔士民艺与旧物。

涂料
**Auro Organic Paints**
Cheltenham Road
Bisley
Nr Stroud
Gloucestershire GL6 7BX
01452 772020
www.auro.co.uk
天然乳液，蛋壳和粉笔涂料。

**Clayworks**
Higher Boden Farm
Helston
Cornwall TR12 6EN
01326 341339
www.clay-works.com
天然素色灰泥。

**Earthborn Paints**
Frodsham Business Centre
Bridge Lane
Frodsham

Cheshire WA6 7FZ
01928 734171
www.earthbornpaints.co.uk
环保漆。

**Little Greene Paint
Company**
Wood Street
Manchester M11 2FB
0845 880 5855
www.littlegreene.com

**Ty-Mawr Lime**
Unit 12 Brecon Business
Park
Brecon
Powys LD3 8BT
01874 611350
www.lime.org.uk
环保建材及外用石灰。

## 美 国

**The Marston House**
Main Street at Middle Street
PO Box 517
Wiscasset
Maine 04578
+1 207 882 6010
www.marstonhouse.com
法国旧物及织物。

**ABC Carpet & Home**
888 and 881 Broadway
New York, NY 10003
+1 212 473 3000
www.abchome.com
摆件、亚麻制品、地毯及其他家饰品的折
中收藏。

**Altered Antiques**
altered-antiques.com
以新方法用旧物,如用回收木材及金属打
造手工家具。

**Anthropologie**
www.anthropologie.com
种类繁多的家居配件,包括装饰挂钩、盒子、
橱柜把手和架子。

**Historic Houseparts**
528–540 South Avenue
Rochester, NY 14620
+1 585 325 2329
www.historichouseparts.com
回收利用的门、水池、瓷砖。

**John Derian Dry Goods**
10 East Second Street
New York, NY 10003
+1 212 677 8408
www.johnderian.com
用天然亚麻制成的家具及充满灵气的古董、
版画和家饰用品。

**Olde Good Things**
Union Square
5 East 16th Street
New York, NY 10003
+1 212 989 8814
www.ogtstore.com
建筑修复。

**The Old Fashioned Milk
Paint Company**
436 Main Street
Groton, MA 01450
+1 978 448 6336
www.milkpaint.com
天然颜料制成的涂料,可再现殖民地风格或
夏克风格旧物的色泽。

**Restoration Hardware**
**935 Broadway**
New York, NY 10010
+1 212 260 9479
www.restorationhardware.com
优质五金器具,包括灯具、家具及配件等。

**Sylvan Brandt**
756 Rothsville Road
Lititz, PA 17543
+1 717 626 4520
www.sylvanbrandt.com
再生材质地板、横梁、中古建材。

涂料
**Earth Pigments**
+1 520 682-8928
www.earthpigments.com
用于石灰、灰泥及混凝土的无毒着色涂料。

## 日 本

**ENSYU**
4-25-8 Daizawa
Setagaya-ku
Tokyo 155–0032
Japan
www.buaisou.com
杂货。

**Buaisou**
4-25-8 Daizawa
Setagaya-ku
Tokyo 155–0032
Japan
www.buaisou.com
家具。

**fog linen work**
5-35-1 Daita Setagaya
Tokyo 155-0033
www.foglinenwork.com
日用织物。

**OUTBOUND**
2-7-4-101 Kichijoji-Honcho
Musashino
Tokyo 180-0004
Japan
http://outbound.to

**SAML.WALTZ**
http://samlwaltz.com
别致的家居用品及展览。

**CINQ**
2f, 2-31-1 Kichijyoji-honcho
Musashino
Tokyo
Japan
http://cinq.tokyo.jp

**Starnet**
3278-1 Mashiko
Mashiko-cho
Haga-gun
Tochigi 321-4217
Japan

**Starnet Tokyo**
1-3-9 Higashikanda
Chiyoda-ku
Tokyo 101-0031
Japan
http://www.starnet-bkds.com
家饰用品。

**Zakka**
Green Leaves #102
5-42-9 Jingumae
Shibuya-ku
Tokyo 150-0001
Japan
www.2.ttcn.ne.jp/zakka-tky.com
文具和古品杂货。

PICTURE CREDITS

说明: a=上, b=下, r=右, l=左, c=中。

所有图片均由德比·特雷洛尔 (Debi Treloar) 拍摄。

文前1 OUTBOUND; 文前2–5 马克和莎莉的家; 文前6 设计师科斯坦萨·阿尔格兰迪在米兰的家; 1–5 马克和莎莉的家; 6 Okura; 7 马克和莎莉的家; 8l 古董商凯瑟琳·波尔在北伦敦的家; 8r 匹普·劳; 9–10 古董商凯瑟琳·波尔在北伦敦的家; 11 马克和莎莉的家; 12a 匹普·劳; 12b 古董商凯瑟琳·波尔在北伦敦的家; 13 匹普·劳; 14–15 纺织公司Hambro & Miller创办者, 设计师安娜·菲利普斯和杰夫·奈利 (Jeff Kightly) 的家; 16 马克和莎莉的家; 17 ENSYU/Buaisou; 18a 马克和莎莉的家; 18bl Okura; 18br fog linen work; 19–21 马克和莎莉的家; 22b fog linen work; 22a, 23 马克和莎莉的家; 24–25 猪本典子; 26 马克和莎莉的家; 27al,bl 马克和莎莉的家; 27ac, br Starnet; 27ar 猪本典子; 27bc fog linen work; 28 三谷龙二; 29 马克和莎莉的家; 30 Starnet; 31 马克和莎莉的家; 32–39 古董商凯瑟琳·波尔在北伦敦的家; 40 Okura; 41–51 马克和莎莉的家; 52al Okura; 52ar 猪本典子; 52b 纺织公司Hambro & Miller创办者, 设计师安娜·菲利普斯和杰夫·奈利的家; 53 猪本典子; 54–55 马克和莎莉的家; 56–57 纺织公司Hambro & Miller创办者, 设计师安娜·菲利普斯和杰夫·奈利的家; 58 Okura; 59al, ar, bl ENSYU/Buaisou; 59br 匹普·劳; 60l fog linen work; 60r–61 马克和莎莉的家; 62 纺织公司Hambro & Miller创办者, 设计师安娜·菲利普斯和杰夫·奈利的家; 63a, br 纺织公司Hambro & Miller创办者, 设计师安娜·菲利普斯和杰夫·奈利的家; 63bl ENSYU/Buaisou; 64a Okura; 64b 马克和莎莉的家; 65l ENSYU/Buaisou; 65r–67 马克和莎莉的家; 68–69 OUTBOUND; 70al, br OUTBOUND; 70ar 马克和莎莉的家; 70bl Okura; 71al OUTBOUND; 71ar 设计师科斯坦萨·阿尔格兰迪在米兰的家; 71br OUTBOUND; 72 Starnet; 73 OUTBOUND; 74–81 设计师科斯坦萨·阿尔格兰迪在米兰的家; 82 古董商凯瑟琳·波尔在北伦敦的家; 84l Okura; 84r fog linen work; 85 Okura; 86a Okura; 86b 匹普·劳; 87al 马克和莎莉的家; 87ar Okura; 87b–88 fog linen work; 89–93 马克和莎莉的家; 94a, bl, br 马克和莎莉的家; 94bc 设计师科斯坦萨·阿尔格兰迪的家; 95 古董商凯瑟琳·波尔在北伦敦的家; 96 Zakka; 97–10 和莎莉的家; 105 纺织公司Hambro & Miller创办者, 设计师安娜菲利普斯和杰夫·奈利的家; 106–109al 马克和莎莉的家; 109ar 公司Hambro & Miller创办者, 设计师安娜·菲利普斯和杰夫·奈家; 109bl 猪本典子; 109br–111 马克和莎莉的家; 112–119 匹普120 OUTBOUND; 122l 马克和莎莉的家; 122r 匹普·劳; 123 ENS Buaisou; 124al, br OUTBOUND; 124ar 马克和莎莉的家; 124bl 龙二; 125al,br OUTBOUND; 125ar 马克和莎莉的家; 126–127 (BOUND; 128–129 马克和莎莉的家; 130 保里正人; 131al 马克和的家; 131ar 猪本典子; 131b OUTBOUND; 132–134 Zakka; 135桥涉; 135b Zakka; 136 ENSYU/Buaisou; 137 猪本典子; 138–14和莎莉的家; 141 猪本典子; 142 ENSYU/Buaisou; 143 马克和的家; 144 保里正人; 145 马克和莎莉的家; 146 OUTBOUND; 1Zakka; 147ar ENSYU/Buaisou; 147bl 马克和莎莉的家; 147b计师科斯坦萨·阿尔格兰迪在米兰的家; 148–157 三谷龙二; 15和莎莉的家; 160l 保里正人; 160r 纺织公司Hambro & Miller者, 设计师安娜·菲利普斯和杰夫·奈利的家; 161 保里正人; 162–马克和莎莉的家; 164l 大桥涉; 164–165 匹普·劳; 165a 马克和的家; 165b 古董商凯瑟琳·波尔在北伦敦的家; 166–167 马克和的家; 168–170 保里正人; 171al 纺织公司Hambro & Miller创设计师安娜·菲利普斯和杰夫·奈利的家; 171ar 大桥涉; 171b 人; 172 保里正人; 173 大桥涉; 174–175 马克和莎莉的家; 176 Za177 Okura; 178 马克和莎莉的家; 179 ENSYU/Buaisou; 180 猪子; 181al Zakka; 181ar fog linen work; 181b 猪本典子; 182–Okura; 184–185 Starnet; 186–195 吉田昌太郎和高桥绿位于日度假屋; 196 马克和莎莉的家。

说明: a=上, b=下, r=右, l=左, c=中。

**贝利家居Baileys**
Whitecross Farm
Bridstow
Ross-on-Wye
Herefordshire HR9 6JU
www.baileyshome.com
文前2–5, P1–5, 7, 11, 16, 18a, 19–21, 22a,
23, 26, 27al, 27bl, 29, 31, 41–51, 54–55,
60r, 61, 64b, 65r, 66–67, 70ar, 87al, 89–
93, 94al, 94ac, 94ar, 94bl, 94br, 97–104,
106–109al, 109br, 110–111, 122l, 124ar,
125ar, 128–129, 131al, 138–140, 143,
145, 147bl, 158, 162–163, 165a, 166–167,
174–175, 178, 196.

**科斯坦萨·阿尔格兰迪Costanza Algranti**
www.costanzaalgranti.it
文前6, P71ar, 74–81, 94bc, 147br.

**ENSYU**
4-25-8 Daizawa
Setagaya-ku
Tokyo 155–0032
Japan
www.buaisou.com
及
**Buaisou**
4-25-8 Daizawa
Setagaya-ku
Tokyo 155–0032
Japan
www.buaisou.com
P17, 59al, 59al, 59ar, 59bl, 63bl, 65l, 123,
136, 142, 147ar, 179.

**fog linen work**
5-35-1 Daita Setagaya
Tokyo 155-0033
T: + 81 3 5481 3728
www.foglinenwork.com
P18br, 22b, 27bc, 60l, 84r, 87b, 88, 181ar.

**Hambro & Miller**
www.hambroandmiller.co.uk
P14–15, 52b, 56–57, 62, 63a, 63br, 105,
109ar, 160r, 171al.

**Okura**
20-11 Satuguku cho
Shibuya-ku
Tokyo 20-11
Japan
www.hrm.co.jp/okura
P6, 18bl, 40, 52al, 58, 64a, 70bl, 84l, 85,
86a, 87ar, 177, 182–183.

**OUTBOUND**
2-7-4-101 Kichijoji-Honcho
Musashino
Tokyo
Japan
http://outbound.to
文前1, P68–69, 70al, 70br, 71al, 71br, 73,
120, 124al, 124br, 125ar, 125br, 126–127,
131b, 146.

**Persona Studio**
2459 Arigasaki Matsumoto
Nagano
Japan
及
**10cm**
2-4-37 Ote Matsumoto
Nagano
Japan
P28, 124bl, 148–157.

**凯瑟琳·波尔Katharine Pole**
E: info@katharinepole.com
www.katharinepole.com
P8l, 9–10, 12b, 32–39, 82, 95, 165b.

**猪本典子Noriko Inomoto**
Tokyo
Japan
P24–25, 27ar, 52ar, 53, 110bl, 131ar, 137,
141, 180, 181b.

**匹普·劳Pip Rau**
E: piprau@mac.com
www.piprau.com
P8r, 12a, 13, 59b, 86b, 112–119, 122r,
164–165.

**SAML.WALTZ**
http://samlwaltz.com

**及**
**CINQ**
2f, 2-31-1 Kichijyoji-honcho
Musashino
Tokyo
Japan
http://cinq.tokyo.jp
P130, 144, 160l, 161, 168–170, 171b, 172.

**Starnet**
3278-1 Mashiko
Mashiko-cho
Haga-gun
Tochigi 321-4217
Japan
及
**Starnet Tokyo**
1-3-9 Higashikanda
Chiyoda-ku
Tokyo 101-0031
Japan
http://www.starnet-bkds.com
P27ac, 27br, 30, 72, 184–185.

**Tamsier Kuroiso**
3–13 Hon-cho
Nasushiobara-shi
Tochigi
325-0056
Japan
P186–195.

**大桥涉Wataru Ohashi**
Tokyo
Japan
E: mail@wataruohashi.com
http://wataruohashi.com
P135a, 164l, 171ar, 173.

**Zakka**
Green Leaves #102
5-42-9 Jingumae
Shibuya-ku
Tokyo 150-0001
Japan
www.2.ttcn.ne.jp/zakka-tky.
com/
P96, 132–134, 135b, 147al, 176, 181al.

　　这本书是关于伦敦、东京、米兰以及我的家乡赫里福德郡的疯狂大串烧。我们先在日本用了六天时间风卷残云地扫过十四个地方（中间还赶上了一次飓风），被沉重的四件行李还有摄影器材拖得狼狈不堪。要是没有我们慷慨善良的好朋友由美子和渡的帮助，这一切根本无法实现。还要感谢所有将自己不完美的家敞开大门，并热情接待我们的好人们。

　　无比感谢莱兰·皮特斯 & 斯莫尔出版社（Ryland Peters & Small）的每一位：辛蒂、安娜贝尔、梅根、杰西、莱斯利，还有劳伦。超级感谢德比·特雷洛尔，绝对是最好的摄影师，永远淡定冷静。十分感谢劳拉、克里斯汀、凯瑟琳、唐娜、盖瑞、罗宾、艾米丽还有贝利家居的每一位。最后，还要感谢贝格文思和厄尔伍德（Begwyns and Erwood）电影俱乐部。